ANJA FÖRSTER
PETER KREUZ

Hört auf zu arbeiten!

Eine Anstiftung, das zu tun, was wirklich zählt

Pantheon

FSC
www.fsc.org
MIX
Papier aus verantwortungsvollen Quellen
FSC® C083411

Verlagsgruppe Random House FSC® N001967
Das für dieses Buch verwendete FSC®-zertifizierte Papier
Lux Cream liefert Stora Enso, Finnland.

Der Pantheon Verlag ist ein Unternehmen der Verlagsgruppe
Random House GmbH

Siebte Auflage
Pantheon-Ausgabe März 2013

Umschlaggestaltung: Jorge Schmidt, München
Satz: Ditta Ahmadi, Berlin
Druck und Bindung: CPI – Clausen & Bosse, Leck
Printed in Germany
ISBN 978-3-570-55189-9

www.pantheon-verlag.de

Inhalt

Als Frank Gehry aufhörte zu arbeiten

Manche wissen einfach nicht, was sie gut finden, und nennen das Offenheit. Frank Gehry hatte schon immer ein untrügliches Gespür dafür, was er gut findet. Sein ausgeprägter Sinn für Ästhetik und Stimmigkeit, seine Entschiedenheit und seine klare Meinung machten ihn in den 1960er Jahren als Architekt erfolgreich. Außerdem ist er in seiner etwas kauzigen, aber immer freundlichen Art sehr sympathisch. Jedem, der mit diesem Kanadier in seiner kalifornischen Wahlheimat zusammenarbeitete, war schnell klar: Gehry Partners in Los Angeles, das ist einer der besten Architekten in der Gegend, einer, der wirklich gute Arbeit abliefert.

Er baute, was man eben so baute: Bürohäuser, Einkaufszentren und so weiter. Die Auftragslage war gut. Über knapp zwanzig Jahre hinweg baute Gehry seine Firma immer weiter aus, Ende der 1970er Jahre hatte er bereits einige Dutzend Angestellte und war gut im Geschäft.

Seine zweite Frau Berta Isabel schenkte ihm einen Sohn, und da entstand der Wunsch nach einem größeren Haus für die Familie. Gehry fand ein Haus in Santa Monica aus den 1920er Jahren, das ihm und seiner Frau sehr gefiel. Sofort hatte er einige ziemlich eigenwillige Ideen, was er aus diesem Haus machen könnte. Das war nur so eine kreative Spinnerei, nicht wirklich ernst gemeint, aber seine Frau ermutigte ihn dazu, seine Ideen in die Tat umzusetzen. Ihr war klar: In ihrem Mann steckte so viel mehr als nur ein guter Architekt und Geschäftsmann. Sie sah in ihm einen Künstler, und sie wusste, dass auch diese Seite in ihm ein Ventil brauchte, damit er glücklich sein konnte.

Sein Haus wurde zu seiner Spielwiese. Er gestaltete es um und erweiterte es, allerdings auf eine Weise, die alles außer gewöhnlich ist. Aus dem schlichten Haus machte er ein ästhetisches Feuerwerk, er weckte die verborgene Vitalität der Wände und Fenster, der Ecken und Kanten, der Winkel und Flächen. Er spielte mit dem Licht, setzte schiefe Kuben an die Wände, durchbrach Mauern, zog neue. Nach und nach entwickelte er eine Art neuer Außenhaut für das Haus. Wenn man heute daran vorbeigeht, ist man überrascht und denkt: Oh, was ist das? Eine Skulptur? Auf den zweiten Blick erkennt man dann: Oh, da ist ja noch ein Haus drinnen!

Das Haus wurde zu einem verrückten Kunstwerk – aber innen ein überraschend wohnlicher, gemütlicher, sympathischer Ort, der intensiv bewohnt wird – beileibe kein Ausstellungsstück. Bei aller Avantgarde ist das Haus immer funktionell geblieben, ja, immer funktioneller geworden, mit wunderschönen, behaglichen Räumen und großen Fenstern, die die Sonnenstrahlen hereinlassen.

Es ist keine klassische Schönheit, kein Haus, das um Aufmerksamkeit buhlt. Kein Haus, das zeigen will: Schaut her, hier wohnt ein guter Architekt! Es will entdeckt, verstanden, erobert werden. Die eigentliche Schönheit ist innen. Gehry ist davon überzeugt, dass sich niemals die Menschen einer Form anpassen müssen, sondern immer umgekehrt. Ihm ging es beim Umbau seines Hauses nicht darum, etwas »schön zu machen« oder zu optimieren. Er sagt: »In diesem Haus leben Geister. Geister des Kubismus.« – Er wollte das Haus so umgestalten, dass diese Geister dort auch weiterhin wohnen können. Er wollte, dass die Fenster aussahen, als würden die Geister daran emporkriechen.

»Weil die Fenster schräg sind«, erzählt Gehry begeistert, »wird das Licht nach innen reflektiert. Wenn man am Tisch sitzt, sieht man die vorbeifahrenden Autos. Der Mond ist an der falschen Stelle. Er steht da, spiegelt sich aber da. Man sieht ihn da oben, denkt aber, er sei dort.«

Eines Morgens ging er ins Bad, um sich zu rasieren. Aber ihm gefiel das Licht nicht. Es kam aus der falschen Richtung und war zu dunkel. Er sah sich im Bad um, holte einen Hammer und eine Leiter und … schlug ein Loch in die Decke. Bis die Sonne durchschien. Dann rasierte er sich fertig.

Ganz schön durchgeknallt.

*

Da hatte der erfolgreiche Architekt nun also mit seinem Wohnhaus sein ganz privates Spielzeug, an dem er herumbasteln konnte. Währenddessen florierte das Business. Gerade waren alleine 45 seiner Angestellten in Projekten eines einzelnen Bauherren, der Rouse Company, involviert. Eines dieser Großprojekte war der Bau des Santa Monica Place, eines Shopping Centers in Los Angeles, das fix und fertig geplant auf seine Errichtung wartete.

Den Chef von Rouse lud er anlässlich des Baustarts zu sich nach Hause zum Essen ein. Der Mann war verblüfft, als er eintrat. Er schaute sich um und staunte: »Frank, was zum Teufel ist das denn?«

Gehry war es ein wenig peinlich: »Na ja, ich habe halt ein wenig rumprobiert …«

Er sagte: »Hmm. Sie haben rumprobiert. Und? Gefällt es Ihnen? Es muss Ihnen ja gefallen, oder?«

Gehry war ja durchaus stolz auf sein Werk. Er sagte: »Ja.«

Der Chef von Rouse schaute ihm in die Augen: »Aber Frank! Dann kann Ihnen das hier unmöglich gefallen!«

Er deutete mit der Hand in Richtung Santa Monica Place, wo das Einkaufszentrum unweit des Gehry-Hauses errichtet werden sollte.

Gehry nickte: »Stimmt. Es gefällt mir nicht.«

»Warum haben Sie es dann entworfen?«

»Weil ich Geld verdienen muss.«

Der erfahrene Geschäftsmann schwieg. Dann schüttelte er den Kopf. »Frank …« Er schaute sich noch einmal in dem verrückten Haus um. »Frank, hören Sie auf damit. Sie sollten wirklich damit aufhören.«

Gehry schaute zu Boden. Er verstand den Mann. Der meinte nicht etwa, dass er mit dem Rumbasteln an seinem Haus aufhören sollte, sondern dass er aufhören sollte, solche Zweckbauten wie das Einkaufszentrum zu entwerfen.

»Sie haben recht«, sagte er leise.

An diesem Abend gaben sich die beiden Geschäftspartner die Hand – und sagten alles ab. Den Architekten Gehry Partners gab es nicht mehr. Er hörte auf zu arbeiten. Seine Angestellten entließ er größtenteils. Es war vorbei.

*

Entschiedenheit ist die wichtigste Voraussetzung, um Großes zu schaffen. Ohne diese radikale Entscheidung in diesem magischen Moment an diesem Abend in seinem Wohnhaus in Santa Monica würde einer der genialsten Architekten der Welt noch immer Einkaufszentren entwerfen. Dann hätte es einige der schönsten, spannendsten und verblüffendsten Gebäude, die wir kennen, niemals gegeben. Denn nachdem Frank Gehry aufgehört hatte zu arbeiten, begann er, bedeutende Werke zu schaffen.

Es gibt manche Sachen, die einem den Atem stocken lassen, wenn man sie nur sieht. So war es bei uns, als wir in Bilbao zum ersten Mal das Guggenheim-Museum gesehen haben. Wir erstarrten. Es ist einfach nur … wow … ganz unbeschreiblich. Ein echter Gänsehautmoment. Der Anblick dieses Gebäudes traf uns mitten ins Herz. Dass man so etwas überhaupt von einem Gebäude sagen kann, ist erstaunlich, denn es ist ja eigentlich tote Materie, die da zusammengeschraubt, zusammengemauert, zusammengeschweißt wurde. Aber wir können es nicht anders sagen: Es ging uns zu Herzen. Diese Formen, dieses Lichtspiel, diese Spannung, diese Emotionalität … Aus jeder Perspektive entdeckt man Neues. Das Gebäude bewegte uns tief. Wir waren sprachlos.

Ab diesem Moment war Frank Gehry für uns ein ganz besonderer Mensch, auch wenn wir ihn noch nicht persönlich kennengelernt haben. Der Mann begeistert uns. Wir verfolgen voller Bewunderung sein Schaffen und freuen uns über jedes Gebäude, das er gestaltet hat oder neu gestaltet.

Unsere Begeisterung für ihn entspringt aber nicht nur der Ästhetik, sondern wir erkennen in seinem Lebensweg auch Aspekte von uns selbst. Es liegt uns fern, uns mit ihm vergleichen zu wollen, aber so wie er haben auch wir beide zunächst Dinge in unserem Leben getan, die in erster Linie viel Geld gebracht haben. Er baute Einkaufszentren und dergleichen, wir machten Beratung. Das war okay, wir waren sogar gut, so wie Gehry in seinem Metier auch gut war. Aber es war nicht genial. Es machte uns nicht stolz. Es war Arbeit, aber es war kein Werk.

Uns inspirierte auch sehr, was nach seinem Magical Moment an diesem denkwürdigen Abend kam. Gehry war mit seinen verrückten Entwürfen ja keineswegs sofort erfolgreich. Zuerst hatte er eine Durststrecke. Eigentlich war das Vitra Design Museum in Weil am Rhein Ende der 1980er Jahre sein erster großer Auftrag, davor lagen zehn harte Jahre, in denen sich kaum ein Bauherr so recht traute, Gehrys Entwürfe auch nur mit der Kneifzange anzufassen. Aber er ließ sich nicht beirren und hielt durch. Auch diesen Aspekt kennen wir gut …

Und dann vereint er in sich auf faszinierende Weise zwei Komponenten, die auch uns bewegen: Zum einen ist er ein Künstler, der bedeutende Werke schafft, die die Menschen berühren. Zum anderen ist er aber Chef eines Unternehmens, ein Kaufmann, der rechnet, kalkuliert und knallhart in der Sache ist: Was kostet es, wie lange dauert es, was bringt es uns. Er kann Projekte managen, er kann Termine einhalten, er kann Gewinne erzielen – er ist ein Vollprofi. Diese Kombination hat es uns angetan. Ganz offensichtlich ist er kein verkanntes Genie wie Vincent van Gogh, sondern ein erfolgreicher Künstler-Unternehmer, wie etwa Goethe oder Picasso.

Beides auf einmal zu können, die Welt der Wirtschaft mit

der Welt der großen Werke zu integrieren, das fasziniert uns. Und das macht uns Mut, über unseren kleinen Tellerrand hinauszudenken und mehr zu wollen, als nur einen guten Job zu machen.

Und genau das ist es, was wir mit diesem Buch bei Ihnen bewirken wollen. Wir wollen nichts weniger, als dass Sie aufhören. Hören Sie auf zu arbeiten! Und fangen Sie endlich an, das zu tun, was Ihnen viel mehr entspricht, nämlich das, was Sie tun würden, wenn Sie die Haltung eines Künstlers einnehmen würden!

Was wir aber nicht wollen: Wir geben Ihnen mit diesem Buch keine Ratschläge, wie Sie sich selbst oder Ihr Leben verändern sollten. Wir sind nicht Ihre Ratgeber. Was wir mit diesem Buch wollen, hat ein anderer sehr treffend ausgedrückt: Der erstaunliche Psychoanalytiker Milton Wexler, der Frank Gehry über Jahrzehnte begleitete, wurde einmal von dem Filmregisseur Sydney Pollack interviewt. Der Anlass dieses Gesprächs war die großartige Dokumentation »Sketches of Frank Gehry«, die Pollack über den Stararchitekten drehte. Wexler war zum Zeitpunkt dieses Interviews 98 Jahre alt.

Eine verblüffende Ausstrahlung hatte dieser weise Mann: faszinierend klar, frisch und immer mit einem Lächeln im Gesicht, aber gleichzeitig verbal messerscharf auf den Punkt.

Ganz am Ende der Dokumentation sagt er:

»Viele Leute kommen zu mir als Therapeut, in der Hoffnung, sich selbst verändern zu können, ihre Ängste zu bewältigen, ihre Eheprobleme oder was auch immer. Sie möchten von mir wissen, wie sie ihr Leben besser in den Griff bekommen können.

Wenn aber ein Künstler zu mir kommt, will er wissen, wie er die Welt verändern kann.«

TEIL I

ENDE

Kapitel 1

Das leere Versprechen der Fabrik

Als Kevin Skinner mit der Gitarre in der Hand auf die Bühne schlurft, um in der Castingshow »America's Got Talent« vorzusingen, geht ein Kichern durchs Publikum. Grob gewebter Kapuzenpulli in dumpfen Blau-Grau-Tönen. Verwaschene Jeans. Beigefarbene Baseball-Kappe mit dem Schild nach hinten. Unter dem Verschlussriemen an seiner Stirn schauen gerade noch ein paar mausbraune Haarspitzen heraus. Sein Gang erinnert an einen Jugendlichen, der an einer Tankstelle herumhängt und gerade darüber nachdenkt, den Truckfahrer um eine Zigarette anzuschnorren.

Piers Morgan, einer der Juroren, schüttelt den Kopf. Die beiden anderen, Sharon Osbourne und David Hasselhoff, wechseln einen vielsagenden Blick: Was für eine Null … Was bekommen wir jetzt gleich wohl zu hören … Schließlich rafft sich Hasselhoff doch zu ein bisschen Smalltalk auf.

»Singst du professionell, oder was machst du so beruflich?«

»Ich war ein paar Jahre lang Hühnerfänger«, antwortet Kevin im breitesten Südstaaten-Slang.

Das Publikum wiehert. Osbourne macht sich lauthals über seinen Akzent lustig.

Kevin reibt sich verlegen das Kinn, aber er bleibt auf der Bühne stehen. So wie er aussieht, müssten sich seine Knie im Moment wie Pudding anfühlen.

In der Fernsehsendung wird im unteren Bilddrittel eingeblendet: »Kevin Skinner, arbeitsloser Bauer«.

»Und wie viele Hühner hast du so pro Tag gefangen?«, fragt Hasselhoff.

»Na ja, ich bin nicht so gut in Mathe.« – Gelächter im Publikum. – »Aber wir haben mal zu sechst in einer Nacht sechzigtausend Hühner eingefangen.« – Lautes Gelächter. – »Einer hat immer acht auf einmal gefangen.« – Grölendes Gelächter.

Morgan beschließt mit einem sichtbaren Ruck, die Farce möglichst schnell hinter sich zu bringen: »Gut, dann zeig uns mal, was du uns heute mitgebracht hast.«

Kevin Skinner schlägt die ersten Töne auf seiner Gitarre an. Im Publikum wird weiter getuschelt und gelacht. Er fängt an zu singen.

»The thought crosses my mind …«

Wow.

Gar nicht schlecht. Im Saal wird es schlagartig still.

»If I never wake up in the morning …«

Das Grinsen verschwindet von den Gesichtern der Jurymitglieder.

»Would she ever doubt the way I feel about her in my heart …«

Fasziniert starren die Menschen im Publikum den Sänger an. Manchen bleibt der Mund offen stehen. Kevins Stimme ist warm und weich, wunderbar klangvoll. Sie umspült die Zuhörer wie eine Thermalquelle. Das hätte keiner erwartet. Aber das allein ist es nicht. Kevin singt die gefühlvollen Zeilen, die der Songwriter Kent Blazy ursprünglich dem Country-Superstar Garth Brooks auf den Leib geschrieben hatte, aus seinem tiefsten Inneren heraus.

»Wenn ich morgen nicht mehr aufwache, wird sie dann wissen, wie sehr ich sie geliebt habe?«

Der Text könnte kitschig klingen. Aber Kevin singt ihn so, dass klar ist: Er meint jedes Wort. Er fühlt das, was er singt. Er verwandelt den Song in pure, echte, durchlebte Emotion.

Im Publikum wird weiter getuschelt und gelacht. Er fängt an zu singen.

»Wow«, sagt Hasselhoff leise.

Das Publikum hängt an Kevins Lippen. Einige haben Tränen

in den Augen. Kevin scheint das zu spüren. Je länger er singt, desto mehr leuchtet er auf. Jeder im Saal hat das Gefühl, dass Kevin ihn persönlich meint, als er die letzten Zeilen singt:

»So tell that someone that you love … just what you're thinking of … if tomorrow never comes.«

Der letzte Akkord geht im Jubel unter. Die Menschen im Saal springen auf, tosender Applaus ergießt sich auf den Hühnerfänger mit der goldenen Stimme, der gar nicht weiß, wie ihm geschieht. Schüchtern nickt er dem Publikum zu und versucht, sein schiefes Grinsen zu kontrollieren.

Auch die Jury ist völlig aus dem Häuschen. Piers Morgan applaudiert wie paralysiert. Sharon Osbourne strahlt wie ein Honigkuchenpferd.

David Hasselhoff springt auf, wirft beinahe seinen Stuhl um und klatscht über dem Kopf.

Kevin lacht befreit. Er ist überwältigt von der Reaktion, die er ausgelöst hat. Seine Augen funkeln. Die Augen des Publikums funkeln. Die Augen der Jury-Mitglieder funkeln, als sie seinen Auftritt kommentieren.

»Als du hereingekommen bist mit diesen Klamotten, dachte ich, das wird ein totaler Flop«, gibt Morgan zu. »Und dann fängst du an zu singen, und innerhalb von zwanzig Sekunden hast du mich gehabt. Mann, das war eine der emotionalsten und stärksten Darbietungen, die ich seit Langem erlebt habe.«

Jubel im Publikum.

»Danke. Danke. Das bedeutet mir viel«, antwortet Kevin mit belegter Stimme.

»Du kannst diesen Wettbewerb gewinnen«, versichert ihm Morgan. »Für mich bist du in der nächsten Runde. Ich stimme mit Ja.«

»Ja«, sagt Sharon Osbourne.

»Dreimal Ja! Gratuliere!«, sagt David Hasselhoff.

Als Kevin Skinner hinter der Bühne zu verarbeiten versucht, was gerade passiert ist, springen ihm die Tränen nur so aus dem Gesicht. »Ich denke an all die Jahre des Übens, weißt du …«

Seine Stimme versagt. Er strahlt. Seine Augen leuchten wie die Venus am Abendhimmel.

Einmalig. Wunderschön.

Ausnahmeerscheinungsweise

Dieses Funkeln in den Augen. Das hat es uns angetan. Dieses Funkeln haben Menschen immer dann, wenn sie etwas tun, was sie selbst und die Menschen in ihrer Umgebung in Schwingungszustände versetzt, wenn sie ganz in ihrem Element sind, wenn sie ihr größtes Talent zur Wirkung bringen, wenn die Hemmungen und Blockaden von ihnen abfallen, wenn sie zu hundert Prozent im Hier und Jetzt sind, voll fokussiert auf die eine Sache, die sie lieben. Das sind magische Momente.

Warum sind solche Momente so selten, fragen wir uns. Sind das Zufallstreffer? Einer in einer Million Momenten? Nur etwas für Auserwählte? Nein, es gibt Menschen, die haben dieses Funkeln ständig. Der Architekt Frank Gehry ist so einer. In »Sketches of Frank Gehry«, der fantastischen Dokumentation von Sydney Pollack, kann man es beobachten. Bei jeder Skizze, beim Basteln an jedem Modell, immer wenn er auf den Baustellen seiner Gebäude den Fortschritt begutachtet, ist er mittendrin in seinem Leben, zu hundert Prozent bei der Sache, hoch konzentriert – irgendwie völlig von seiner Arbeit absorbiert. Wir finden das enorm inspirierend. Es wäre fantastisch, wenn das auch für jeden von uns möglich wäre, aber, na ja, das geht eben nicht. Man muss schon eine berühmte Ausnahmeerscheinung sein, um dieses Gefühl bei der täglichen Arbeit zu haben: der richtige Mensch zur richtigen Zeit am richtigen Platz zu sein, der genau das Richtige tut. – Oder?

Bei echt mieser Arbeit, bei hartem körperlichem Geschufte, bei stumpfsinniger Fließbandmaloche, bei Aktenbergengewühle und Kistengeschiebe, bei Mülltonnengewuchte, Tastaturgetippe oder Toilettengescheuere gibt es das natürlich nicht. Aber auch bei den Leuten, die einen interessanteren Job haben, gehört das Funkeln in den Augen nicht zum Arbeitsalltag. Es gehört überhaupt nicht zur Arbeitswelt. Arbeit ist eben Arbeit. Finden wir uns damit ab. – Einverstanden?

Es kann ja auch nicht funktionieren. Wenn jeder sich selbst verwirklichen würde … du lieber Himmel! Nein, wir brauchen ja die Leute, die den Müll abholen, das Standard-Betriebssystem auf sämtlichen Firmenrechnern installieren und Kisten auf Lkws verladen. Es kann sich doch nicht einfach jeder raussuchen, was er tut und lässt! Unsere Welt ist halt nicht so organisiert, dass wir immer mit einem Funkeln in den Augen arbeiten könnten. – Hm. Wirklich?

Dieses Funkeln in den Augen. Das hat es uns angetan.

Dabei ist jeder von uns fähig dazu, solche besonderen Momente zu erleben. Manchmal, viel zu oft, ist es aber so, dass die Augen der Menschen zu leuchten beginnen, sobald es fünf Uhr abends ist. Feierabend. Jetzt beginnt das wahre Leben! Jetzt haben sie was vor. Am Wochenende und nach Feierabend blühen die Menschen auf! Für die meisten gilt: Die Freude, die Energie, das Interesse an anderen Menschen, an Gebäuden, Landschaften oder Städten, das sie im Urlaub haben, haben sie zu keiner Minute an ihrem Arbeitsplatz.

Das erschreckt uns. Es mag vielleicht normal sein, aber es erschüttert uns. Was ist eigentlich los in unserer Welt, dass die meisten Menschen zur meisten Zeit ihres Lebens im Wachzustand ganz offensichtlich nicht das machen, was ihnen das Gefühl gibt, voll in ihrem Element zu sein?

Ist es vermessen, darüber nachzudenken, wie unsere Wirtschaft, unsere Arbeitswelt, ja, die ganze Gesellschaft gestrickt sein müssten, damit viel mehr Menschen viel öfter im Leben – auch tagsüber am Wochentag – ein Funkeln in den Augen haben?

Ganz ehrlich und unter uns: Wir beide glauben nicht, dass die tägliche, schnöde Realität an den Arbeitsplätzen das Richtige für die Menschen ist. Es gibt Ausnahmen. Aber für die meisten Menschen gilt: Diese Art von Arbeit ist nicht gemacht für die Menschen und die Menschen sind nicht gemacht für diese Art von Arbeit. Und wir glauben auch nicht, dass diese Realität das Richtige für die Unternehmen ist. Und es ist auch nicht das Richtige für unser Land und für die Gesellschaften in Europa und der westlichen Welt. Nur weil wir es so gewöhnt sind, heißt das noch lange nicht, dass es richtig ist.

Wir fragen uns: Warum arbeiten wir eigentlich so, wie wir arbeiten? Was ist falsch daran? Was genau müsste anders sein? Können Unternehmen Arbeit menschengerechter organisieren? Was würde das für den Unternehmenserfolg bedeuten? Wie sähe eine Gesellschaft aus, bei der »arbeiten« einen ganz anderen Stellenwert hätte und nicht mehr als zwangsläufige, notwendige Unterbrechung des eigentlichen Lebens gewertet würde? Was wäre, wenn Arbeit lebenswert wäre?

Räder rollen routiniert

Okay, wir können nicht so tun, als ob die Arbeitswelt heute ein Ort wäre wie im Steinbruch oder bei Ford am Fließband. Jedes Unternehmen sucht doch in seinen Stellenanzeigen kreative Köpfe. Wenn's geht, noch mit dem Rest vom kreativen Menschen mit dran. Die meisten Manager und Unternehmer wissen doch, dass ihre Mitarbeiter frische, unkonventionelle Ideen einbringen müssen, damit sie sich im harten weltweiten Wettbewerb behaupten und in gesättigten Märkten überhaupt noch zum Zug kommen können. Vielen Führungskräften ist es völlig klar, dass es nicht reicht, die Produkte einfach nur ein bisschen besser zu machen als die Konkurrenz, ein bisschen schneller, ein bisschen leichter, ein bisschen kostensparender. Manager suchen immer wieder nach der neuen kreativen Idee, in der eins plus eins drei ergibt. In tausend Mitarbeitergesprächen werden Lösungsfinder-Qualitäten gefordert. Originalität. Out-of-the-box-Denken.

Allerdings: Querdenken ist zwar eine interessante Eigenschaft. Kreativität ist zwar erforderlich. Innovation ist zwar erwünscht. Aber bitte bloß nicht zu weit außerhalb vom Kästchen des Gewohnten! Ein bisschen Innovation verträgt die Organisation. Aber zu verrückt darf es auch nicht sein! Denn sonst passt die Lösung nicht mehr aufs bewährte Formular. Und nicht mehr zu all den anderen Kästchen-Lösungen, die rechts und links entstehen. Sonst ist die Reaktion vorprogrammiert: »Fantastische Idee, aber wenn wir das machen, verlieren wir das Zertifikat von der Kontrollbehörde.« Oder: »Spannendes Konzept. Aber um es umzusetzen, müssen wir komplett umstrukturieren und für die nächsten ein, zwei Jahre mit geringeren Gewinnen rechnen. Das verzeihen uns unsere Investoren nie.«

Die Forderung nach kreativen Lösungen ist bei Lichte betrachtet in vielen Fällen eine rhetorische Figur, die nicht wirklich etwas Neues fordert, sondern nichts anderes will als das Bestehende in verbesserter Version. Die Kreativität, der Geist und die Kompetenz des Mitarbeiters sollen sich bitte darauf fokussieren, die Inhaltsstoffe ein und desselben Joghurts um zwei Prozent kostengünstiger zu machen, möglichst unter Beibehaltung des markterprobten Geschmacks. Ein völlig neues Erfrischungsgetränk erfinden? Das ist nicht Bestandteil der Stellenbeschreibung!

Aus der Logik der Industrialisierung heraus ist das auch richtig und zielführend. Eine normierte Arbeitsweise ist enorm effizient: Es können dabei Güter und Dienstleistungen massenweise hergestellt werden. In guter Qualität. Es gibt keine Ausreißer. Der Kunde freut sich, dass er weiß, womit er rechnen kann. Das ist das McDonald's-Prinzip: Keine Überraschungen. Der Burger heute schmeckt genauso wie der von gestern, der in Tokio schmeckt genauso wie der in Austin. Auf diese Weise kann man die größte Fastfood-Kette der Welt werden, einer halben Million Menschen

Eins komma fünf Prozent Umsatzwachstum. Vier Prozent geringere Kosten. Dreieinhalb Prozentpunkte höherer Marktanteil.

Arbeit verschaffen und fast 30 Milliarden Dollar Umsatz erwirtschaften.

Und das geht auch in anderen Branchen: Auch das Designer-Schurwoll-Sakko wird industriell hergestellt, ebenso wie das Schweizer-Taschenmesser-Allzweckgerät, das sich als Mobiltelefon verkleidet hat. Ein fabrikmäßig organisiertes, auf Standardprozessen beruhendes Unternehmen wirft eben zuverlässig Top-Produkte aus. Die Qualität ist stabil, also auch der Absatz. Das freut die Verkünder der Quartalsergebnisse und die Aktionäre. Normierte Arbeitsweisen mit normierten Ergebnissen schaffen für alle Stakeholder gute, verlässliche Werte, die sich immer noch ein bisschen verbessern lassen. Eins komma fünf Prozent Umsatzwachstum. Vier Prozent geringere Kosten. Dreieinhalb Prozentpunkte höherer Marktanteil. Zehn Prozent gesteigerte Kundenzufriedenheit. Um null komma sieben Prozent verringerte Fehlerquote. Schnellere Rechner, sparsamere Autos, praktischere Verpackungen. Das ist doch alles bestens, oder?

Ja, das ist alles bestens und hat seine Berechtigung. Aber wenn wir auf die Arbeitswelt blicken, dann sehen wir hinter den Stahl-und-Glas-Fassaden, an den Hochleistungsrechnern und an den Roboter-Bedienplätzen, unter den Headsets, auf den Fahrersitzen und an den Computermäusen noch immer die prinzipiell gleiche Arbeit wie vor hundert Jahren. Im Grunde ist die heutige Arbeitswelt immer noch geprägt von der Denkweise des Fabrikzeitalters. Und die meisten Menschen machen nichts anderes als Fabrikarbeit.

Wie jetzt? In einer Welt von Online-Konferenzen, Kreativmeetings und Homeoffice reden wir von Fabrikarbeit?

Ja, tun wir. Zwar stehen nicht mehr Millionen von Menschen am Fließband und drehen alle zehn Sekunden eine Schraube nach rechts. Das machen inzwischen Roboter. Die Menschen konzentrieren sich auf die Kopfarbeit: planen, organisieren, kommunizieren. Sie programmieren den Roboter und verhandeln mit dem Schraubenlieferanten in China. Sie übersetzen für den globalen Markt die Schraubenmontageanleitung in 57 Sprachen, tüfteln an einem noch besseren Schraubendesign, verbessern den Arbeitsablauf und setzen Projektmeilensteine: »Schraubenmarktforschungsergebnisse präsentieren«.

Aber mal ehrlich. Ist das so viel anders als Schrauben anzuziehen?

Die Struktur der Arbeit ist immer noch dieselbe wie am Fließband: koordiniert, normiert und durchgetaktet. Fremdgesteuert, optimiert und abgegrenzt. Unsere Welt ist voller Fabriken. Fabriken, die Dämmstoffe herstellen, Versicherungen makeln, Bankkunden beraten oder Websites programmieren. Fabriken, die kranke Menschen pflegen, Pakete transportieren oder Waschmaschinen herstellen. Die Arbeit ist industrielle Arbeit – ob im ersten, im zweiten oder im dritten Sektor der Volkswirtschaft: Auch Dienstleistungen werden in einer industriellen Arbeitsstruktur erbracht. Das heißt, sie werden in möglichst normierte und somit massenhaft reproduzierbare Teiltätigkeiten zerlegt. Es ist eigentlich egal, ob es sich dabei um Bauteile fürs Auto handelt, um die Getreideernte, um Ferienreisen nach Südostasien oder um Software-Lösungen. Damit der Mikrochip aus Shanghai ins PKW-Lenksystem aus Bukarest passt, müssen die Bauteile kompatibel sein und am genau richtigen Liefertag dem Roboter zugeliefert werden. Und damit sich Peter Müller aus Hamburg im Holiday Inn in Kuala Lumpur wohlfühlt, müssen die Vorstellungen von Hygiene, Aircondition und einem anständigen Frühstück kompatibel sein mit seinen westeuropäischen Vorstellungen.

Das funktioniert immer dann am besten, wenn jeder sich ganz genau an seine Pflichten hält und seinen Job macht. Wenn die Aufgaben exakt festgelegt und abgearbeitet werden. In der Stellenbeschreibung wird genau gesagt, was der Stelleninhaber tun soll. Für alles gibt es Organigramme, Formblätter, Step-by-Step-Anleitungen, Sicherheitsbestimmungen, Qualitätskontrollen. Wer sich daran hält, macht alles richtig. Dann ist genau definiert, wer wann was mit wem zu tun hat und wer für was

»zuständig« ist. Das gilt für die Putzfrau ebenso wie für den Bankberater oder den Mitarbeiter in der Einkaufsabteilung. Jeder soll bitte seine Arbeit machen, genau das tun, was von ihm erwartet wird, und in den vorgezeichneten Bahnen denken und handeln. Dann läuft es rund …

Manches Leid folgt der Sparsamkeit

Zum Beispiel in einem modernen Flughafen: Weil immer mehr Leute reisen wollen und es immer mehr Billiganbieter gibt, die einen Flug nach Helsinki für 50 Euro oder nach Istanbul für 120 Euro anbieten, beschließt das Management des Flughafens, die vorhandenen Ressourcen optimal auszunutzen. Also werden Detailanalysen gemacht, die jeden Handgriff, jedes Wort und jedes Lächeln der Mitarbeiter registrieren. Die Ergebnisse werden untersucht, katalogisiert, gemessen und ausgewertet. Wie lange dauert welcher Arbeitsschritt, was kostet er? Wo gibt es unproduktive Leerlaufzeiten oder Doppelarbeiten? Wo verlangsamen Abstimmungsprozesse, Rückfragen und Schlaufen den Prozess?

Nach gründlicher Analyse der Ergebnisse setzt sich ein Team von Experten daran, die Arbeitsabläufe rationeller zu gestalten. Sie kommen auf die Lösung: Mitarbeiter, die gerade nichts zu tun haben, sollen bei ihren Kollegen einspringen, die gerade in der Arbeit ertrinken. Und zwar hilft nicht nur die eine Check-in-Dame ihrer Zwillingsschwester am nächsten Schalter, sondern auch der Gepäckwieger dem Beschwerden-Entgegennehmer. Damit das funktioniert, müssen die Arbeitsschritte standardisiert, portioniert und ohne Übergangskosten organisiert werden. Jeder Arbeitsschritt wird in einer detaillierten Anleitung beschrieben und ist so simpel, dass ihn jederzeit jeder Mitarbeiter übernehmen kann. Eine Ausbildung zur Verlorenes-Gepäck-Aufspürerin oder zum Asthmaspray-von-Sprengstoff-Unterscheider ist nicht mehr nötig. Individuelle Talente und Fähigkeiten sind egal geworden.

Das Ergebnis: Die Flughafengesellschaft braucht nicht mehr so viele spezialisierte und gut dotierte Mitarbeiter, die mit teuren Verträgen direkt bei der Flughafen AG angestellt sind. Die normierten Handgriffe können auch von einem preiswerten Leiharbeiter ausgeführt werden – egal, ob der bis gestern im Isolationstrakt hochkomplexe Medizingeräte repariert hat oder Rausschmeißer in der Disko war. Man braucht nur noch eine Handvoll feste Mitarbeiter, die das Ganze überwachen und die Leiharbeiter einlernen.

Der letzte Schritt in dieser Rationalisierungskette ist dann, die Arbeit nicht mehr an Leiharbeiter zu delegieren, sondern an die Kunden. Wie das geht? Man entwickelt ein standardisiertes Eincheck-Programm, auf das online zugegriffen werden kann. Da kann sich der Reisende zwei Tage vor Abflug durchklicken, die Bordkarte aufs Handy laden und dann einfach mit seinem Handgepäck direkt zur Sicherheitskontrolle laufen. Praktisch! Nur noch die Problemfälle landen am Schalter.

Wir finden: Effizienz ist prima. Effizienz ist nötig. Effizienz ist oft bewundernswert. Ohne Fabrikarbeit bei Foxconn in China gäbe es beispielsweise auch kein hochkreatives Apple in Cupertino. Nur: Wenn Effizienz zum alleinigen Maßstab wird, ist sie gefährlich.

Klar, sie hat für fast alle Beteiligten viele Vorteile. Die Fluggäste sparen sich eine Stunde Zeit, weil sie sich nicht mehr in die unendliche Warteschlange am Eincheck-Schalter anstellen müssen; sie können eine halbe Stunde vor Abflug am Flughafen sein statt wir früher zwei. Der Flughafen kann mehr Fluggäste in kürzerer Zeit zu geringeren Kosten abfertigen. Die Reisebüros können die Flüge zu sagenhaft günstigen Preisen anbieten. Eine Win-win-win-Situation. Was fehlt? Das vierte »Win«! – Die Verlierer bei diesem System sind die Mitarbeiter des Flughafens, die jetzt eine langweilige, normierte, stressige Tätigkeit durchführen, sich als Zahnrädchen ins Räderwerk exakt einpassen und jederzeit damit rechnen müssen, dass ihre Stellen auch noch wegrationalisiert werden.

Gut, auf die gesamte Gesellschaft bezogen, ist es ein winziges Problem, wenn ein Mensch seine Arbeit nicht liebt, ein Leben wie im Akkord führt oder einen unsicheren Arbeitsplatz hat. Das Problem ist immer noch klein, selbst wenn es für die meisten Mitarbeiter einer Firma gilt. Das große Problem ist: Die Mehrheit der heutigen Arbeitsplätze gleicht den effizienzgetriebenen Jobs nach Fabrikzeitalter-Muster. Welche Augen sollen da funkeln?

Eine Win-win-win-Situation. Was fehlt? Das vierte »Win«!

Haben Sie etwas anderes erwartet?

Der Preis für eine effiziente und rationale Arbeitsweise ist Austauschbarkeit. Austauschbarkeit der Einzelteile, der Produkte, der Arbeit. Und damit der Arbeitenden.

Wenn morgen ein Ingenieur in Szczecin dieselbe gute Arbeit machen kann wie heute der Ingenieur in Stuttgart, der in Szczecin aber nur ein Drittel des Jahresgehalts verlangt, dann bekommt er den Job. Und wenn übermorgen in Bombay ein Ingenieur für denselben Job ein Fünftel des Szczeciner Gehalts bekommt, dann wird die Entwurfsarbeit nach Bombay verlagert. Sobald dann ein Computerprogramm entwickelt wird, das dem Ingenieur zwei Drittel der Arbeit abnimmt, darf der Inder mit zwei seiner Kollegen »Reise nach Jerusalem« spielen: Wer fliegt raus?

Um das zu vermeiden, engagieren sich die Leute enorm in ihrem Job. Damit ihre Arbeit zwar teurer, aber auch entsprechend besser ist. Das Fatale ist: Diese Strategie funktioniert nicht. Kein Arbeitsplatz wird auf diese Weise sicherer. Weil Engagement vom Einzelnen aber als der einzige Ausweg empfunden wird, klotzen die Leute ran.

Wir haben im Bekanntenkreis eine Marketingleiterin, die jetzt schon den dritten Arbeitgeber in sechs Jahren hat. Die Frau ist echt gut, und deswegen hat sie jedes Mal schnell eine neue

Arbeit gefunden. Jedes Mal hat sie uns erzählt, was für ein toller Arbeitgeber das ist, was für ein spannendes Aufgabenfeld. Dann gibt sie Gas. Engagiert sich. Arbeitet mindestens fünfzig Stunden pro Woche. Verbringt den Tag mit konzentrierten Planungsgesprächen beim neuesten Auftraggeber und besucht samstags einen Weiterbildungskurs, um die neuesten Entwicklungen in ihrem Fachbereich mitzubekommen und um zu networken. Sie gibt ihr Bestes, und das ist viel.

Nein, sie wird nicht ausgebeutet. Das ist auch überhaupt nicht unser Thema. Sie wird richtig gut bezahlt für ihr Engagement, sie spielt Golf, fährt einen Sportwagen und macht Urlaub an Orten der Welt, von denen andere nur träumen. Aber nach zwei Jahren ist dann wieder Schluss … Jedes Mal ist sie wie vor den Kopf gestoßen und fragt sich, was sie falsch gemacht hat. Ob sie überhaupt was falsch gemacht hat oder ob sie einfach nur Pech hatte. Die Niedergeschlagenheit hält ein paar Tage an. Dann rafft sie sich auf und blickt optimistisch in die Zukunft. Beim nächsten Arbeitgeber hängt sie sich noch mehr rein.

Ihre Enttäuschung ist genauso symptomatisch wie ihr Optimismus. Obwohl sie weiß, wie das Spiel läuft, ist sie jedes Mal aufs Neue unangenehm überrascht, wenn die Karten wieder mal neu gemischt werden, gerade als sie sich mit viel Mühe und Ausdauer ein gutes Blatt zusammengestellt hat.

Sie geht davon aus: Wenn ich gute Arbeit leiste, kann ich bei dem Unternehmen bleiben. Wenn ich besonders gute Arbeit leiste, kann ich Karriere machen und nächstes Jahr vielleicht das Marketing für Gesamteuropa übernehmen. Und wenn ich extrem gute Arbeit leiste, dann werde ich eines Tages so richtig erfolgreich sein und ins Geschäftsleitungsteam aufrücken.

Ihre Enttäuschung ist genauso symptomatisch wie ihr Optimismus.

Was sie sich eigentlich wünscht: einen Heimathafen. Endlich mal irgendwo ankommen. Endgültig dazugehören. Echte, wohlverdiente, faire Arbeitsplatz-Sicherheit.

Diese Erwartung hat nicht nur sie. Sondern praktisch jeder, der sich in Deutschland um einen Arbeitsplatz bewirbt. Sie alle glauben an das große, unausgesprochene Versprechen der Fabrik.

Das Versprechen

Dieses Sicherheitsbedürfnis und diese Karriereerwartung entstehen nicht nur in den erwartungsfrohen Gehirnen von Hochschulabgängern, die endlich die Welt erobern wollen, oder in den treuen Seelen von Auszubildenden, die von der Pike auf einen Beruf erlernen möchten. Sie sind einfach menschlich. Und sie werden auch völlig selbstverständlich hervorgerufen und gefüttert. In jeder Corporate-Identity-Broschüre, in jeder Stellenanzeige steht sinngemäß: »Kommen Sie zu uns, werden Sie Teil der Firmen-Familie!« Das suggeriert eine Von-der-Wiege-bis-zur-Bahre-Mitarbeiter-Betreuung mit firmeneigenem Kinderhort, Gesundheits-Checks, Sportgruppen, Weihnachtsfeier und Pensionskasse. Und natürlich Aufstiegschancen. Selbst der Billigfriseur im Einkaufszentrum, von dem jeder weiß, dass er die Mitarbeiter schneller ersetzen muss als die Lockenwickler, hängt ein Plakat in die Glasfront: »Bei uns können Sie Karriere machen!«

Ist das alles böswillige Rattenfängerei und vorsätzliche Mitarbeiter-Veräppelung? Oh nein! Jegliches wie auch immer geartetes Arbeitgeber-Bashing ist hier völlig fehl am Platze. Die Chefs sind nicht die Bösen! Sie und die Führungsteams der Unternehmen haben ja selbst den Anspruch, ihren Mitarbeitern eine dauerhafte Heimat und echte Aufstiegschancen bieten zu können. Und sind doch selbst immer wieder frustriert, dass ihnen das nicht mehr gelingt. Jeder Chef leidet, wenn seine Fluktuationsquote im Team zu hoch ist. Denn die Personalsuche schlaucht, ist teuer, nervig, anstrengend und hält vom Tagesgeschäft ab. Und sie ist risikoreich. Jede Fehlbesetzung kostet immense Summen. Jeder Chef verspricht am liebsten »Karriere«, denn wenn seine Mitarbeiter bei ihm Karriere machen würden, wäre das auch für ihn am besten.

Es sind weder die Mitarbeiter noch die Chefs, die versagen. Es ist das Versprechen, das nicht mehr zu halten ist. Das Versprechen der Fabrik lautet: Wenn du dich als Rädchen in unserem Räderwerk mitdrehst, wenn du dich an die Vorgaben, Normen und Strukturen hältst und gute Arbeit machst, dann wirst du einen angesehenen Status haben, kannst aufsteigen, dann noch ein wenig mehr Geld verdienen und auch mal ein paar Mitarbeiter führen. Du bekommst Sicherheit, wir bilden dich weiter, vielleicht findest du hier sogar deine Frau. Ordne dich ein, sei engagiert und mach, was von dir erwartet wird. Alles, was du machen sollst, ist gute Arbeit. Wenn du dich nur ein wenig zusammenreißt, dann wird alles gut.

Und so war das ja auch früher. Da hieß es: »I schaff beim Daimler!« Oder beim Bosch oder bei Siemens und so weiter. – Das bedeutete Ansehen, Sicherheit und einen sicheren Job bis zur Pensionsgrenze. Dieses Versprechen stammt noch aus der Hochphase der Industrialisierung. Der Zeit, als die Missstände der Frühindustrialisierung beim besten Willen nicht mehr zu übersehen waren, das Wort »Pauperismus« in aller Munde war und die ersten Unternehmer begriffen, dass die Arbeiter-Verheizungs-Maschinerie der vorangegangenen Jahrzehnte auf Dauer nicht gutgehen konnte.

Zwischen etwa 1850 und 1910 war die große Zeit der patriarchalen Unternehmer. Persönlichkeiten wie Adam Opel, Carl Benz, August Thyssen, Leopold Hoesch, die Mannesmann-Brüder, August Borsig oder der Stahlmagnat Alfred Krupp erwarteten von ihren Arbeitern, dass sie dem Unternehmen ihr Leben lang treu dienten und niemals aufmuckten. Wer Sympathie für die Sozialisten zeigte oder sogar übers Streiken nachdachte, wurde gefeuert; Krupp sprach in solchen Fällen tatsächlich von »Untreue und Verrat«. Aber die verlangte Treue war beiderseitig. Die Unternehmer hielten ihr Versprechen. Im Ausgleich für die Pflichterfüllung der Arbeiter sorgte Alfred Krupp für seine Leute – und nicht nur, solange sie ihm nützlich waren. Er führte eine betriebliche Kranken- und Rentenversicherung ein, baute Werkssiedlungen und kümmerte sich auch um die privaten Probleme seiner Arbeiter. Manche Unternehmer gründeten sogar Betriebsschulen, in denen die Kinder genau das lernten, was sie brauchten, um gute Arbeiter zu werden.

Die Fürsorge für die Mitarbeiter war auch bei Robert Bosch oder den fünf Söhnen von Adam Opel legendär. Das war das Versprechen der Fabrik: »Sei ein gutes Zahnrad im Getriebe der Fabrik, dann sorgt die Fabrik auch für dich.« Auf diesem Versprechen aus der Gründerzeit fußt unser ganzer Wohlstand, es bildete den Humus, in dem die industrielle Kraft Deutschlands wurzelt, von der wir noch heute leben.

So ehrlich und ehrbar dieser Pakt damals war: Heute klingt er fürchterlich anachronistisch. Die Arbeiter wurden aus heutiger Perspektive damals wie unmündige Kinder behandelt. Heute will das keiner mehr. Aber trotzdem: Dieses alte Versprechen der Fabrik steckt noch drin in der Arbeitswelt. Heute geht es nicht mehr um Werkssiedlungen und die betriebliche Krankenkasse – der Staat hat diese Aufgaben und die Fürsorgepflichten übernommen. Aber das stillschweigende oder ausdrückliche Versprechen ist da: Wenn du gute Arbeit leistest, dann wird alles gut. Nur leider erfüllt sich das Versprechen heute nicht mehr.

Der geplatzte Deal

Aber warum? Bis in die späten 1970er Jahre wurde das Versprechen der Fabrik von vielen Unternehmen tatsächlich eingehalten. Etwa bis zum Beginn der Globalisierung. Bis zum Aufstieg der Börsen und der internationalen Finanzplätze. Da liegt der Schlüssel zum Verständnis der veränderten heutigen Situation.

Als in den 1980er Jahren der Shareholder Value in die Köpfe der Manager einzog, fühlten sich die Unternehmen nicht mehr primär und ausschließlich dem Gründer, den Kunden und den

Mitarbeitern verpflichtet, sondern den Aktionären, also den Miteigentümern, deren permanente Verkaufsdrohung durch den Börsenhandel impliziert wird. Aktionäre investieren nicht, weil sie wollen, dass die Mitarbeiter ein erfülltes Leben führen, sondern sie wollen Rendite. Rendite beinhaltet den Zeitfaktor. Ergo: Druck. Renditeerwartungen der Aktionäre üben immensen Effizienzdruck auf die Unternehmen aus. Die Schrauben werden angezogen. Immer mehr, immer weiter. Produktionsstätten werden aus Effizienzgründen verlegt, Arbeitsschritte werden aus Effizienzgründen outgesourct, Firmen werden aus Effizienzgründen fusioniert, Organisationen umstrukturiert, Prozesse optimiert. Das Zeitalter der Rationalisierung wurde eingeläutet. Und in diesem Zeitalter wird Arbeitsplatzsicherheit zum Tageskurs gehandelt.

Natürlich gab es auch früher schon Umstrukturierungen, Fusionen und Massenentlassungen. Aber vor zwanzig, dreißig Jahren wurde in den Konzernen ab und zu mal ein großes Restrukturierungsprojekt umgesetzt und dann war wieder ein paar Jahre lang Ruhe. Die Normalität war vom Ausnahmezustand klar unterscheidbar. Heute gibt es alle zwei Wochen eine neue Devise: Effizienzprogramm, Excellence-Programm, Kostensparprogramm, you name it. Bei jeder Restrukturierung wird das Versprechen gemacht: Leute, wenn wir das schaffen, ist alles gut. Dann hat die Firma einen Wettbewerbsvorteil, und damit sind die Arbeitsplätze sicher. Die, die dann noch übrig sind.

Aber der Lohn für denjenigen, der so kompetent und effizient ist, dass er bei der Restrukturierung seinen Job behält, ist nur, dass er danach die Aufgaben von zwei ehemaligen Kollegen miterledigen darf. Ja, er bekommt dafür auch mehr Gehalt. – Bis zur nächsten Restrukturierungsrunde. Da werden noch mal Aufgaben gebündelt, und der Job ist wieder in Gefahr.

Die Hälfte der Mitarbeiter bekommt etwas mehr Gehalt und muss die dreifache Arbeit erledigen.

Der diffuse Effizienzdruck der Finanzmärkte fühlt sich innerhalb des Unternehmens sinnlos an. Krise und Normalzustand sind nicht mehr unterscheidbar. Da gibt es kein übergeordnetes Ziel mehr und auch keine echten Erfolge. Und wo es kein Ziel gibt, kann auch niemand mehr ankommen. Alles hat einen dicken Löffel mehr Sysiphus intus, und das ist eine ganz bittere Medizin.

Der von uns sehr geschätzte Managementautor Jim Collins sagt: »Das Kennzeichen der Mittelmäßigkeit ist nicht der Widerstand gegen Veränderungen. Das Kennzeichen der Mittelmäßigkeit ist chronische Inkonsistenz.«

Insofern sind die Arbeitsplätze, auf die man früher noch stolz sein konnte, heute einfach nur noch mittelmäßig. Unternehmen und Mitarbeiter eint, dass sie keine klare Haltung mehr haben. Anstatt sich auf sich selbst besinnen zu können, müssen die Top-Manager den Finanzinvestoren in Videokonferenzen Rede und Antwort stehen. Die Arbeitswelt ist inkonsistent geworden. Hektisch. Niemals fertig. Gelähmt und im Umbau zugleich. Getrieben. Renditegetrieben.

Auf die Mitarbeiter wirkt das verheerend. Die Aufgaben verändern sich ständig, so dass man gar keine Zeit hat, sich hineinzuarbeiten. Schon gar nicht lohnt es sich, eigene Gedanken zu investieren und neue Ideen, neue Arbeitsmethoden zu entwickeln. Die werden durch die nächste Reform schon wieder vom Tisch gefegt. Und in schöner Regelmäßigkeit findet man sich in einem neuen Team wieder. Lohnt es sich da, sich auf die anderen einzulassen, sich auf den Arbeitsgegenstand einzulassen?

Den Effekt sehen wir in den großen Konzernen: Da herrscht eine unglaubliche Absicherungsmentalität. Die Leute versuchen nur noch, keine Fehler zu machen, damit sie nach der nächsten Restrukturierung noch mit dabei sind. »Wir haben Angst um unsere Arbeitsplätze, die aber aus Effizienzgründen so oder so wegfallen, ob wir uns nun ducken oder nicht«, schreibt unser Autorenkollege Gunter Dueck in seinem Buch *Professionelle Intelligenz*.

Der Effizienzdruck hat auch noch eine andere Grenze verwischt: Früher hat zu dem Deal zwischen Unternehmen und

Arbeitskräften eine klare Trennung gehört: Dienst ist Dienst, und Schnaps ist Schnaps. Man hat lange gearbeitet, aber wenn man dann abends heimkam, war Entspannung angesagt. – Heute gibt es diese Trennung nicht mehr. Mütter telefonieren vom Büro aus mit dem Sprössling und organisieren ihm einen Fahrdienst zu den 17 verschiedenen Freizeitaktivitäten; zum Ausgleich nehmen sie abends das Sitzungsprotokoll mit nach Hause, das sie nicht mehr fertigbekommen haben. Sonntags und im Urlaub werden die beruflichen Mails gecheckt, und die private Handynummer wird uneingeschränkt an Geschäftskontakte weitergegeben – gerne auch abends und am Wochenende anrufen, kein Problem! Immer auf Empfang. 24/7 im Dienst. Jedenfalls im Bereitschaftsdienst.

Die Inkonsistenz der Arbeit zeigt sich auch darin, dass Aufwand und Ertrag nicht mehr in einem eindeutigen Verhältnis stehen: Wir kennen Ehepaare, bei denen beide arbeiten – er mit einer 50-Stunden-Woche, sie mit einem Halbtagsjob, und den Rest der Zeit kümmert sie sich um die Kinder. Beide haben qualifizierte Jobs. Und trotzdem sind sie nicht reich. Nicht, dass sie überlegen müssen, ob sie sich heute das Abendessen leisten können, das nicht. Aber wenn sie eine neue Waschmaschine brauchen, müssen sie dafür beim Urlaub kürzer treten. Im Vergleich zu dem, was sie arbeiten, sind sie arm.

Der Zukunftsforscher Horst Opaschowski weist in seinem Buch *Der Deutschlandplan* auf dieses Phänomen hin und zieht das Fazit: »Früher war man ohne Arbeit arm. Auf dem Weg in die Zukunft wird man immer öfter auch mit Arbeit arm sein oder werden. Gemeint ist eine doppelte Armut: Geldarmut und Lebensarmut, also Armut durch verpasste Lebenschancen.«

Denn vor lauter Hektik und Bemühen, in einer inkonsistenten Welt im Mittelmaß der alltäglichen mehr oder weniger sinnlosen Tätigkeiten herumzupaddeln, fällt eine Überlegung vollkommen unter den Tisch: Ist es das, was ich eigentlich machen will?

Das alles und noch viel mehr

Nein, natürlich ist es das nicht. Da fehlt was. Klar fehlt da was. Da hat immer schon was gefehlt: Die Menschen haben auch früher schon bewusst auf selbstbestimmtes Arbeiten verzichtet, um Sicherheit zu haben. Sie sind nicht Schmied geworden, um die Schmiede des Vaters zu übernehmen, sondern sie sind in die Fabrik gegangen. Heute haben sie weder das eine noch das andere, weder Selbstbestimmtheit noch Sicherheit. Aber sie sehen ständig beides am Horizont aufblitzen. An gegenüberliegenden Horizonten. Die Arbeitswelt ist vom Versprechen der Vergangenheit und der Rhetorik der Zukunft geprägt. Und deswegen will man beides haben.

Auch die Unternehmen erwarten beides: einerseits kreative, flexible und selbständig denkende Mitarbeiter, im Idealfall den »Unternehmer im Unternehmen«. Andererseits zuverlässige, loyale, treue, sich unterordnende Mitarbeiter. Aber nicht ein paar von der einen und ein paar von der anderen Sorte, sondern beides zusammen in jedem Mitarbeiter.

Und die Mitarbeiter erwarten ebenfalls beides gleichzeitig: sowohl einen sicheren, gesunden und garantierten Arbeitsplatz als auch eine kreative, interessante und erfüllende Tätigkeit mit der Chance, sich weiterzuentwickeln. Flexibilität und Sicherheit zugleich, Flexicurity.

Aber das reicht noch nicht.

Zusätzlich zum perfekten Job hat der Mensch heutzutage auch ein perfektes Privatleben zu haben. Der Wunsch nach dem perfekten Leben ist zum Credo des 21. Jahrhunderts geworden. Mit dem dritten Ehepartner endlich in der vollendet harmonischen Partnerschaft zweier selbständiger Menschen leben, selbstbestimmt, unabhängig, aber trotzdem will man sich auf den Partner verlassen können – in jeder Hinsicht. Flexicurity.

Und die Kinder sollen gewaltfrei und partnerschaftlich hingebungsvoll zu intelligenten, höflichen, folgsamen, aber gleichzeitig kreativen, willensstarken und eigenständigen Menschen erzogen werden – sowohl als auch.

Mit dem ehrenamtlichen Engagement im Eine-Welt-Laden möchte man jeden Samstagvormittag die Welt retten, während diese Arbeit aber nicht zu anstrengend werden darf, schließlich hat man ja auch noch seinen eigentlichen Job. Von allem ein bisschen und alles gleichzeitig. Und beim Erlebnis-Urlaub in der mongolischen Jurte will man ein bisschen Ursprünglichkeit schnuppern, aber der Komfort und die Sicherheit dürfen dabei nicht auf der Strecke bleiben.

Also: Bitte einmal Fisch und einmal Fleisch und bitte von beidem das volle Programm. Natürlich vegetarisch. Dazu einen trockenen Rotweißperldessertwein und eine saure Süßspeise, die den Magen schließt, aber leicht und bekömmlich ist. Das alles bitte preiswert und hochqualitativ. Kein Problem, oder?

Derart widerstrebend anspruchsvoll zu leben, heißt nichts anderes als: nichts richtig tun. Nichts wirklich in die Tiefe verfolgen. Nichts kompromisslos durchdringen. Inkonsistenz und Mediokrität ziehen sich von der Arbeit durch die Beziehungen in die Familien und bis in die Freizeitaktivitäten – eben durchs ganze Leben. Wie kommen wir eigentlich auf die Idee, dass wir stets alles auf einmal haben können, ohne den jeweils fälligen Preis zu entrichten?

Wir kommen nicht auf die Idee, sondern es fühlt sich normal an. Tausend Fernsehshows, Selbstverwirklichungsbücher und Jobratgeber suggerieren, dass es funktioniert. Du musst dich nur richtig organisieren, den richtigen Mix finden, musst den Hebel auf der Innenseite deines Schädels auf »go« stellen, dann klappt das schon. Schaut doch mal: Ursula von der Leyen, siebenfache Mutter, und die anderen Vorzeigefrauen, die scheinbar mühelos Karriere und Kindersegen vereinigen! Schaut doch mal Brad und Angelina, beide superreich, supererfolgreich, megaberühmt und dazu diese Kinderschar, das ehrenamtliche Engagement, das strahlende Aussehen, die charmanten Interviews, die tollen Kinofilme. Es muss also gehen …

Wenn Brad Pitt oder David Beckham oder Barack Obama das können, dann muss es doch möglich sein, dass der Mann zusätzlich zum erfolgreichen selbständigen Unternehmensberater mit 60-Stunden-Woche auch noch den zugewandten Vater gibt, der weiß, wo im Supermarkt die Windeln stehen und wie er den Sprössling dazu bringt, nachts durchzuschlafen. Oder etwa nicht?

Das alles ist ein perfides psychologisches Spiel: »Du kannst alles haben. Alles gleichzeitig. Wenn du das nicht schaffst, machst du etwas falsch. Dann musst du dich mehr anstrengen!« Das erzeugt Schuldgefühle. Und die treiben weiter an: »Alle schaffen das, nur ich bin zu blöd oder zu träge dafür! Das kann nicht sein!«

Der Frustpegel steigt dadurch, wird aber außerdem variantenreich gemanagt: Wer mal wieder das Wochenende durchgearbeitet hat, gönnt sich zum Ausgleich wenigstens einen schönen Restaurantbesuch. Oder das schicke türkisfarbene Kleid. Oder einen Saunatag mit Rückenmassage. »Das habe ich mir verdient!«

Touristik, die Wellnessindustrie, Autohäuser, die ganze Konsumgüterindustrie leben von diesen Ersatzbefriedigungen. Das kurbelt wiederum die Wirtschaft an. Inklusive der Pharmaindustrie und der Apotheken, die Beruhigungs- und Aufputschmittel an die ausgelaugten Arbeitsbienen verkaufen. Die Berufskrankheiten der Gegenwart sind ja nicht mehr kaputtgeschuftete Bandscheiben und Schwefeldampfvergiftungen, sondern psychische Störungen: Depressionen, Nervenzusammenbrüche. Die Arbeit macht die Leute krank. Dann brauchen sie Medikamente, Kuren, Coaches, Selbsthilfebücher etc. Lauter zukunftsträchtige Branchen. So erhält sich das System selbst am Laufen und dreht sich einfach eine Spiralwindung weiter.

Abstoßend. Pervers. Menschenverachtend. Entwürdigend.

Nichts gegen Konsum. Nichts gegen das Genießen von schönen Dingen, tollen Reisen, gutem Essen und Trinken, anregenden Unternehmungen. Wir lieben das alles ebenso wie Sie und alle anderen Menschen. Aber wir finden den wechselwirkenden Kreislauf Konsum-Wellness-Umsatz-Effizienz-Rendite-Engagement-Erschöpfung-Konsum-Wellness-und-so-weiter-und-immer-weiter abstoßend. Pervers. Menschenverachtend. Entwürdigend.

Wir haben empfindlich was dagegen, wenn der Konsum nur noch eine Ersatzbefriedigung ist, weil hingenommen wird, dass die Arbeit im Alltag unbefriedigend ist.

Die Menschen wissen genau, dass ihnen etwas fehlt. Aber sie machen einfach weiter, und den Frust kompensieren sie. Zum Beispiel mit Humor und dessen garstigem Bruder, dem Zynismus. Sie sind Fans der Dilbert-Comics und verpassen keine »Stromberg«-Sendung, und sie kaufen Bücher mit Titeln wie: »Hilfe, mein Chef ist ein Affe«, »Ist der Chef verrückt?«, »Bossing – Was tun, wenn der Chef mobbt?«, »Den Chef im Griff«, »Der Feind in meinem Büro«, »Der Chef – Dein Feind und Neider«, »Mein Chef ist ein Arschloch, Ihrer auch?«, »Der Arschloch-Faktor«, »Der Chef-Faktor«, »Das Chefhasser-Buch«, »Rache am Chef«, »Der gewürgte Chef und andere schöne Träume in Reinform«, »Und morgen bringe ich ihn um!« …

Die Liste könnten wir noch eine Weile fortsetzen. Wir haben aber keine Lust mehr dazu. Es gibt eine unendliche Reihe von Romanen, Sachbüchern, Ratgebern, Filmen und Fernsehsendungen, in denen der Chef als schlechter Mensch, als Witzfigur, als Arschloch, als Perversling, als Verrückter, als Versager, kurz, als Wurzel allen Übels im Beruf dargestellt wird. Und natürlich: Es gibt etwa genauso viele Bücher, in denen steht, wie man ein guter Chef wird … weder die einen noch die anderen scheinen viel zu nutzen, oder?

Die Parade an inflationären Chefbeschimpfungen zeigt vor allem eins: Es gibt offensichtlich ein Bedürfnis bei den Mitarbeitern, sich zu vergewissern, dass nicht sie, sondern andere die Deppen sind. All die unerfüllten, unerfüllbaren Ansprüche und Bedürfnisse – bevor ich mich weiter in Selbstvorwürfen zerfleische, ziehe ich lieber den Chef durch den Kakao. Das verschafft ein Gefühl der Befreiung.

Aber es ist nur eine kurze und oberflächliche Befreiung. Das Chef-Manager-Politiker-Heruntermachen ist mehr Selbstbetrug als echte Analyse, mehr Kompensation als faire Kritik, mehr Projektion als Erkenntnis. Wenn die hämischen Lacher über die scheiternden Führungspersönlichkeiten verebben, bleibt die große Leere zurück.

Das Versprechen der Fabrik bleibt unerfüllt – zum einen, weil das Versprochene nicht eintritt. Aber auch wenn es eintritt. Auch wenn Menschen innerhalb und durch unsere Arbeitswelt im klassischen Sinne erfolgreich sind – sich also Geld, Macht, Status, Ansehen, Wohlstand und schöne Dinge erarbeiten –, bleibt es schal und leer. Die Menschen fühlen sich irgendwie instrumentalisiert. Irgendwie nicht frei. Irgendwie machtlos und ausgeliefert.

Wann hatten Sie das letzte Mal das Funkeln in den Augen, während Sie gearbeitet haben? Wann haben Sie das letzte Mal genau das gemacht, was sich richtig angefühlt hat? Wann waren Sie das letzte Mal in Ihrem Element? Kompromisslos? Begeistert? Idealistisch? Enthusiastisch? Wann haben Sie das letzte Mal aus tiefster Überzeugung heraus geliebt, was Sie tun?

Oder andersherum gefragt: Wann haben Sie es verlernt?

Kapitel 2

Leerpläne

Begeistert, idealistisch, enthusiastisch und voll bei der Sache können Menschen sein, wenn sie kreativ sind. Da trifft es sich gut, dass die Fähigkeit zur Kreativität in der Wirtschaft des 21. Jahrhunderts eine der wichtigsten und am dringendsten gefragten Eigenschaften ist.

Was die Unternehmen brauchen und was sie suchen, das ist sehr gut empirisch analysiert und dokumentiert. Da geht es nämlich auch um viel Geld. Mehr noch, da geht es um unsere Zukunft, um die beruflichen Chancen unserer Kinder, um unseren Wohlstand in den nächsten Jahrzehnten. Verschiedene empirische Untersuchungen haben gezeigt, welche Anforderungen Arbeitgeber neben der formalen und fachlichen Kompetenz an Bewerber heute haben:

Die Liste beginnt mit Initiative und Aktivität. Im Englischen nennt man Menschen mit dieser Eigenschaft »Self-starter«, also Menschen, die keinen Antreiber brauchen, damit sie Leistungen erbringen.

Dann: das Erkennen und Nutzen von Chancen. Hochspannend! Dazu müssen Menschen zu divergentem Denken in der Lage sein. Divergenz ist das Gegenteil von Konvergenz und heißt einfach »abweichend«. Ein solches Denken weicht also von der Norm ab, sucht Lösungen jenseits des Gewohnten, Normalen, Durchschnittlichen, Üblichen: »thinking out of the box«.

Um diese Fähigkeit auch einsetzen zu können, braucht es noch eine andere, nämlich Risikobereitschaft. Der amerikanische Publizist und Bestseller-Autor Thomas J. Stanley hat für die Recherche eines seiner Bücher eine Studie durchgeführt, in der er die Lebensläufe von Millionären erforscht und verglichen hat, die es aus eigener Kraft so weit gebracht haben. Er konnte dabei die Konstanten, die sich durch alle untersuchten Lebensläufe hindurchgezogen haben, sehr genau eingrenzen. Einer der stärksten Indikatoren für überragenden Erfolg in der Wirtschaft ist Risikobereitschaft.

Weiter: Eigenverantwortung. Damit ist sowohl die Selbstverantwortung für die eigene persönliche Entwicklung gemeint als auch die intrinsische Motivation, Ziele zu erreichen, und der Antrieb, alle dafür erforderlichen Maßnahmen selbst zu ergreifen.

Als Nächstes: zielorientiertes Handeln. Andere sagen dazu ergebnisorientiertes Handeln. Wer dazu willens und in der Lage ist, der stellt nicht die Tätigkeit selbst in den Mittelpunkt seiner Arbeit, sondern das Ergebnis dieser Tätigkeit. Das Resultat, die Wirkung, den Effekt.

Der kürzlich verstorbene Bestsellerautor Stephen Covey nannte solche Menschen »highly effective people«. Sein ganzes Lebenswerk konzentrierte sich darauf, herauszufinden, wie man so ein zielfokussierter, ergebnisorientierter Mensch wird. Eine der Schlüsselkomponenten dabei ist die Fähigkeit zur Proaktivität, also des Handelns lange vor der Notwendigkeit und nicht erst, wenn nur noch ein »alternativloser« Weg übrig geblieben ist. Außerdem: nachhaltiges Denken und Handeln durch die Fähigkeit, die Dinge vom Ende her zu sehen, vom Ergebnis her gedanklich rückwärts auf den Beginn eines Prozesses zuzuschreiten.

Und: Engagement und Ausdauer. Um komplexe Aufgaben zu lösen, benötigen Menschen Beharrlichkeit und Durchhaltevermögen. Also die Fähigkeit, mit unveränderter Motivation den Weg zum Ziel weiterzuverfolgen, auch wenn dazu die Anstrengung über einen langen Zeitraum und gegen Widerstände aufrechterhalten werden muss. Widerstände, Gegenwind und Unerwartetes kommen in komplexen, nichtlinearen Arbeitsumgebungen ständig vor –

Würde eine Schule, die das leistet, bei uns allen die Note »sehr gut« bekommen?

und halten solche Menschen nicht auf. Dazu gehören auch Belastbarkeit, Fähigkeit zum Umgang mit ungewohnten Situationen, Konfliktfähigkeit und Frustrationstoleranz.

Dann: Lernfähigkeit und Lernbereitschaft. Dazu müssen Menschen vor allem offen für Neues sein. Sie müssen bereit sein, scheinbar unverrückbare Überzeugungen und Dogmen in Frage zu stellen und neue Ideen, Prozesse und Erfahrungen zu suchen. Ihre Grundhaltung ist geprägt durch Experimentierfreude und Neugierde.

Des Weiteren: Teamfähigkeit. Dazu gehört insbesondere Kommunikationsfähigkeit und Wirksamkeit in der Kommunikation. Eine wichtige Ausprägung davon ist die Fähigkeit, zuzuhören und zu verstehen. Und das setzt Empathie und Einfühlungsvermögen voraus.

Und nicht zuletzt: Kreativität, die Königsdisziplin unter den beruflich relevanten Fähigkeiten. Denn wer in der Lage ist, neue Ideen zu entwickeln, Altbekanntes auf neue Weise zu kombinieren, wer zu lateralem Denken fähig ist und es somit schafft, die ausgetretenen Pfade zu verlassen und neue Wege zu entdecken, der stärkt die Innovationskraft seines Unternehmens, der Wirtschaft, ja der ganzen Gesellschaft. Und nur was sich ständig erneuert, kann leben.

Das also sind neben dem Fachwissen und den formalen Kriterien spezifischer Berufe die wichtigsten allgemeinen Anforderungen, insbesondere an die besten Arbeitskräfte von heute und morgen. Fragen Sie jeden beliebigen Personaler, er wird es Ihnen bestätigen. Es ist vollkommen schlüssig, dass unser Bildungssystem darauf ausgerichtet sein sollte, diese Eigenschaften, Fertigkeiten und Fähigkeiten unter den Kindern, Schülern und Studenten zu fördern.

Denn genau das ist das Versprechen, das unser Bildungswesen den jungen Menschen gibt: Wenn du unserem Plan folgst, wenn du dich in der Schule und der Universität anstrengst und mitmachst und gute Leistungen bringst, dann wird dein Weg geebnet sein. Dann wirst du beruflich erfolgreich sein.

Auch gegenüber der Wirtschaft und Gesellschaft geben die Bildungsinstitutionen ein Versprechen ab. Es lautet: Wir sorgen dafür, dass aus den jungen Menschen wertvolle und nützliche Mitglieder unserer Gesellschaft werden. Insbesondere sorgen wir dafür, dass die Wirtschaft die Fähigkeiten und Kompetenzen bekommt, die sie braucht.

Alles so weit richtig? Würde eine Schule, die das leistet, bei uns allen die Note »sehr gut« bekommen? – Na, klar!

Hochgradig kreativ

Das Großartige ist, dass Kinder die meisten dieser Eigenschaften in noch ungeschliffener Form bereits in erstaunlichem Ausmaß mitbringen. Die beiden Kreativitätsforscher George Land und Beth Jarman ließen 1600 Kinder im Alter von 5 Jahren an einem Test teilnehmen, den die amerikanische Raumfahrtagentur NASA entwickelt hatte, um besonders innovative Ingenieure und Entwickler ausfindig zu machen.

Eine der Aufgaben, der sich die getesteten Kinder stellten, war zum Beispiel, möglichst viele ungewöhnliche Verwendungsmöglichkeiten für Ziegelsteine zu finden. Also als Buchstützen, als Wassersparklotz in der Klospülung, als Briefbeschwerer, als Käferklatsche und so weiter. Oder Verwendungsmöglichkeiten für Büroklammern: Ohrring, Klebeflaschenverschluss, Kleiderbügel für Barbie-Blusen und und und.

Der Test hatte zum Ziel, mehrere der oben aufgeführten Eigenschaften, die heute so wichtig geworden sind, zu messen. Ganz besonders wichtig war den Forschern die Fähigkeit zum divergenten Denken. Damit ist die Fähigkeit gemeint, gerade nicht an das Naheliegende, Normale, Gewöhnliche zu denken, sondern den Gedanken einen großen Raum zu geben, um auf vom Üblichen abweichende Lösungen zu kommen. Das ist nichts anderes als die Fähigkeit querzudenken, eines unserer Lieblingsthemen.

Das Ergebnis überraschte die Forscher: Die Fünfjährigen schnitten großartig ab. 98 Prozent von ihnen schafften es in die Kategorie »hochgradig kreativ«. Eine Traumquote.

Angesichts dieser erfreulichen Grundlage muss eine Schule, insbesondere eine weiterführende Schule, nichts weiter machen, als diese Anlagen weiter zu fördern und den Kindern Futter zu geben, damit sie ihre Talente anwenden und verfeinern können.

Noch fantastischer ist, dass Kinder genetisch so vorprogrammiert sind, dass sie neugierig und interessiert sind. Kinder fragen Eltern und Lehrern Löcher in den Bauch. Sie stellen genau die richtigen Fragen. Alles, was ein Lehrer tun muss, ist, Raum und Zeit für die Fragen zu geben und dafür zu sorgen, dass sie beantwortet werden.

In der Grundschule Forsmannstraße in Hamburg bekommt jeder Schüler von der ersten bis zur vierten Klasse jede Woche zwei Schulstunden Zeit für Entdeckungen! Die Schüler stellen die Forschungsfragen selbst – und gehen den Antworten dann ein halbes Jahr lang nach. Sie recherchieren, denken nach, erforschen, hinterfragen, skizzieren, arbeiten aus. Ein halbes Jahr für eine Frage!

Wie die Fragen, die die Schüler interessieren, ausfallen, ist klar: Pferde, Fußball, Computerspiele und so weiter … Ha! Weit gefehlt! Die Kinder suchen sich hochspannende Fragen aus, die nicht nur sie, sondern die ganze Menschheit interessieren und in denen die ganze Fülle der Welt steckt: Wie alt ist das Weltall? Wieso ist Glas durchsichtig, obwohl es aus Sand ist? Warum nerven Mütter? Welcher war der erste Name? Gibt es Gott?

»In welchem Jahr dankte Kaiser Wilhelm II. ab?« – Soll das eine interessante Frage sein? Die Antwort hat jeder Siebenjährige mit zwei Klicks aus Wikipedia. Interessant sind Fragen, zu denen Wikipedia keine Antworten gibt. Fragen, zu denen man sich das Wissen, das Können und die Erkenntnis selbst erarbeiten muss. Fragen wie »Was soll ich als Nächstes machen?«.

Probleme selber finden und selber lösen. Interessante und wichtige Fragen stellen und auf eigene Weise beantworten. Methoden erlernen und einüben, um in der Welt zurechtzukommen. Kreativität und Eigeninitiative ausbilden. Kinder können das. Das Einzige, was Schüler dafür brauchen, ist Raum.

Die Voraussetzungen, dass die Schule ihr Versprechen einlöst, sind also hervorragend. An den Kindern jedenfalls liegt es nicht, die bringen alles mit, was es braucht, um kreativ, teamfähig, lernfähig, ausdauernd, zielorientiert, selbstverantwortlich, risikobereit, chancenorientiert, engagiert und initiativ zu werden.

Fünf Jahre später testeten Land und Jarman dieselben Kinder erneut. Das Ergebnis: Von den Zehnjährigen waren nur noch 30 Prozent »hochgradig kreativ«.

Und weitere fünf Jahre später waren es gerade noch 12 Prozent.

Dann testeten Land und Jarman eine riesige Vergleichsgruppe: 280 000 Erwachsene, die älter als 25 Jahre waren. Das Ergebnis: Nur zwei Prozent waren hochgradig kreativ. Zwei Prozent!

Soll das wirklich heißen, dass die Menschen eine der wichtigsten Eigenschaften für die Arbeitswelt des 21. Jahrhunderts angeboren mit auf den Weg bekommen, dass sie aber nach Durchlaufen des Bildungssystems das alles fast komplett verlieren, vergessen, unterdrücken, vernachlässigen?

»In welchem Jahr dankte Kaiser Wilhelm II. ab?« – Soll das eine interessante Frage sein?

Genau das heißt es. Und das gilt nicht nur für die Kreativität, sondern für alle anderen der eingangs genannten Eigenschaften gleichermaßen.

Der Anspruch, den das Bildungssystem zu erfüllen hat, ist genau formuliert. Das Versprechen ist glasklar. Wissen Sie, welche Note unser Bildungssystem angesichts dieses Anspruchs verdient hat?

Diese hier: Sechs! Thema verfehlt!

Denn das Versprechen der Schule wird heute genauso gebrochen wie das Versprechen der Fabrik.

Zurück in die Zukunft

Die Schulen und die Hochschulen versagen heute genauso wie die Fabrik, weil sie nichts anderes sind: Fabriken. Fabrikähnliche Arbeit, wie wir sie im vorangegangenen Kapitel beschrieben haben, und das standardisierte Lernen in der Lernfabrik weisen erschreckende Parallelen auf.

Genauso wie die fabrikähnliche Arbeit stammt auch unser Bildungssystem aus einem anderen Zeitalter. Es wurde zu einem völlig anderen Zweck konstruiert, der heute nicht mehr existiert.

Die ersten Schulen auf deutschem Boden waren die mittelalterlichen Lateinschulen. Das kann man aber noch nicht als öffentliches Schulwesen bezeichnen, denn die Lateinschulen waren ausgerichtet auf die Vorbereitung auf einen geistlichen Beruf, eine Kirchenkarriere, wofür eigentlich nur eines gelernt werden musste: Latein. Aber eine der stärksten Wurzeln unseres heutigen Bildungssystems reicht dorthin zurück, denn aus den Lateinschulen entwickelte sich später das Gymnasium, und die Art und Weise des Unterrichts wurde schon damals vorgeprägt: Auswendiglernen, Einbimsen, Gehorchen. Strenger Frontalunterricht, vorgefertigter, standardisierter Stoff. Daran hat sich im Wesentlichen bis heute nichts geändert, und zwar nicht nur im Fach Latein. Sogar die Form und die räumliche Gestaltung der Klassenzimmer, die Einrichtung mit Pult und Tafel bis hin zu den Zweiertischen für die Schüler haben sich bis in die heutige Zeit erhalten.

Weitere Wurzeln unseres Bildungssystems liegen im Renaissance-Humanismus, in der Aufklärung und in der industriellen Revolution. Der Begriff Volksschule wird zum ersten Mal 1779 erwähnt. Als Begründer des Volksschulwesens in deutschen Ländern gilt der preußische König Friedrich Wilhelm I. Im Jahr 1717 erließ er das Edikt zur allgemeinen Schulpflicht. Er bestimmte, dass Kinder vom fünften bis zum zwölften Lebensjahr in die Schule gehen und erst entlassen werden sollten, wenn sie lesen und schreiben konnten. Und natürlich musste auch der Katechismus auswendig gelernt werden. Das waren insgesamt keine hohen Ansprüche nach heutigem Maßstab. Aber im Vergleich dazu, dass bis dahin Bauernkinder einfach mit auf dem Feld arbeiteten und kaum je ein gedrucktes Wort zu sehen bekamen, war es ein enormer Fortschritt im Sinne der Volksbildung.

In den deutschen Ländern oder anderswo in Europa war die Idee einer öffentlichen Erziehung, aus Steuergeldern finanziert, kostenlos und für jeden verpflichtend, ein absolut revolutionärer Gedanke. Aber deswegen noch lange kein Ausdruck selbstloser Menschenfreundlichkeit seitens der Herrscher. Die Fürsten setzten die Schulpflicht durch, weil sie ihre Untertanen im Sinne des Staates zu braven Bürgern und die Jungen zu guten Soldaten erziehen wollten.

Diese zweckgerichtete Idee des Schulsystems stand auch später, im anbrechenden Industriezeitalter, im Mittelpunkt. Menschen sollten auf ein Arbeitsleben in der Fabrik vorbereitet werden. Das wiederum bedeutete, dass man eine breite Basis von Menschen brauchte, die einfache Arbeiten mit den Händen ausführten (Arbeiter), eine kleinere Gruppe, die die administrativen Aufgaben übernahm, und eine noch viel kleinere Gruppe für die echten Bildungsberufe: Ärzte, Anwälte, Lehrer, Pfarrer. Die allgemeine Schulpflicht sorgte dafür, dass die überall emporschießenden Fabriken und Industriebetriebe brauchbare Arbeiter finden konnten, die auch lesen, schreiben und rechnen konnten.

Die noch heute gültige Form des Bildungswesens mit seiner Aufteilung in unterschiedliche Schularten wie Hauptschule, Realschule und Gymnasium sowie in Universitäten, an denen sowohl Forschung als auch Lehre betrieben wird, war vor allem das Werk der neuhumanistischen Bildungsreform im 19. Jahrhundert in Preußen, die von Wilhelm von Humboldt angeführt wurde. Durch den beginnenden Welthandel und seine Erfordernisse kamen zu den antiken Sprachen Latein und Altgriechisch damals auch lebende Fremdsprachen in den Lehrplan. Das Fach Deutsch und die Naturwissenschaften waren schon während der Aufklärung im 18. Jahrhundert dazugekommen. Die »Maturitätsprüfung«, deren Bestehen die Aufnahme in die Universität ermöglichte, wurde vom preußischen König Friedrich Wilhelm III. im Jahr 1834 eingeführt und ist das Vorbild für das heutige Abitur. Auch dieses Prinzip ist seitdem gleich geblieben. Und fertig war das Bildungssystem, wie wir es kennen.

Alles in allem ist die Schule heute eine Mischung aus dem kirchlich geprägten Mittelalter, der Renaissance bzw. dem Humanismus mit seinem Faible für die Antike, der Aufklärung mit der Akzeptanz der säkularisierten Naturwissenschaften, der industriellen Revolution mit ihren Erfordernissen an die Grundbildung in der Breite der Arbeiterschaft und zuletzt der Vormachtstellung Preußens mit seiner Internationalität. Aus diesen Versatzstücken lassen sich Schulformen, Unterrichtsformen, Prüfungen, Lehrpläne, Stundenpläne, Schulzeiten und die Gepflogenheiten an den Schulen und Hochschulen in ihrer heutigen Form beinahe lückenlos zusammenstecken.

Die einzelnen Steine im Puzzle sind 180, 250, 500 und 800 Jahre alt.

Na klar können wir stolz sein auf diese Bildungstradition. Diese reiche Geschichte ist beeindruckend. Und voller Stolz können wir dann dieses veraltete, überforderte, angestaubte und heute immer nutzlosere Bildungssystem ins Museum stellen!

Tradition ist prima, aber wir müssen uns klarmachen, dass dieser Entstehungsprozess des »modernen« Bildungswesens im Wesentlichen schon vor 150 Jahren abgeschlossen war. Die einzelnen Steine im Puzzle sind 180, 250, 500 und 800 Jahre alt. Seitdem hat sich in den Grundzügen der Organisation von Bildung nicht mehr viel geändert, auch wenn heute Computer in den Klassenzimmern stehen – und zwar oft in genau derselben Anordnung wie die Lateinschüler vor 1000 Jahren schon da saßen. In Reih und Glied wie in den Kirchenbänken. Und vorne steht der Stellvertreter Gottes und predigt …

Höre auf deine Ohren!

Weil die Schule für einen völlig anderen Zweck in einer völlig anderen, längst vergangenen Epoche gemacht wurde, funktioniert sie heute nicht mehr und bringt verrückte, haarsträubende, groteske, wütend machende Ergebnisse zustande.

Es gibt Tausende solcher Geschichten wie die kleine, wahre Geschichte von Frank, die wir hier exemplarisch erzählen.

Frank war ein pfiffiger Erstklässler, der neben tausenderlei Dingen besonders an Mathe interessiert war. Er bekam in den ersten Wochen seiner Schulkarriere zusammen mit seinen Klassenkameraden eine Aufgabe: Aufgemalt war ein Feld mit zwei Äpfeln drin. Daneben war ein anderes Feld, das war leer. Zwischen den Feldern stand ein Pluszeichen. Rechts daneben stand ein Gleichheitszeichen und ein drittes Feld, in dem waren sieben Äpfel. Klar, die Aufgabe war so gemeint: Wie viele Äpfel musst du zu den zwei Äpfeln dazutun, damit du sieben Äpfel bekommst? Das Ziel des Ganzen: addieren lernen. So haben sich das die lehrplanschreibenden Pädagogen ausgedacht.

Aber sie haben nicht mit Frank gerechnet. Dem war sofort klar, dass zwei plus fünf sieben ist – ob nun Äpfel oder Autos oder Raumschiffe. Das war ihm zu langweilig. Er wendete seine Fähigkeit zum divergenten Denken an und malte in das erste Feld mit den beiden Äpfeln noch einen Apfel dazu. Jetzt waren es drei. Also malte er vier Äpfel in das zweite Feld.

Er grinste, denn das fand er witzig. Hey, eins plus sechs gleich zwei plus fünf gleich drei plus vier gleich sieben. Das ist ja cool! Er gab der Lehrerin freudestrahlend das Blatt, und dann setzte das Drama unseres Bildungswesens mit voller Wucht ein: »Nein, Frank, das ist falsch! Schau doch mal, da sind zwei Äpfel, nicht drei. Du darfst da keine Äpfel reinmalen, da sind doch schon zwei! Nein, das hast du falsch gerechnet! Versuch's noch mal!«

Und hat Frank noch mal gerechnet? Nein, hat er nicht. Er bockte. Wenn die Lehrerin zu doof ist zum Rechnen, dann kann sie ihm auch nichts beibringen. Dass die nur tat, wozu sie ausgebildet war, und einfach nur den Lehrplan verfolgte, interessierte ihn herzlich wenig. Ab diesem Moment verweigerte er den Unterricht, zutiefst enttäuscht von der Lehrerin und von der Schule, auf die er sich doch eigentlich so gefreut hatte.

Mit Müh und Not und Elterngesprächen, in denen die Eltern ermahnt wurden, ihren Sohn zu ermahnen, wurde Frank genötigt, wieder mitzuspielen. Im Deutschunterricht wurde dann der zweite Akt des Dramas aufgeführt. Es ging um das Wort »Ball«. Die engagierte Lehrerin sprach das Wort deutlich und mit ausdrucksstarker Mimik: »Baaaallllll«. Die Schüler hatten die drei Buchstaben B, A und L bereits gelernt, und nun ging es darum, sie bei den ersten Wörtern zusammenzusetzen.

Aber Frank war sofort klar, dass zwei plus fünf sieben ist – ob nun Äpfel oder Autos oder Raumschiffe. Das war ihm zu langweilig.

Frank hatte bei seinem großen Bruder schon immer versucht mitzulesen, wenn der ein Buch las. Sein Bruder hatte ihm schon erklärt, dass man viele Wörter ganz anders schreibt, als man sie hört. Und so viel wusste er schon: »BAL« sieht irgendwie komisch aus. Er starrte vor sich auf das Blatt. BAL. Da stimmt was nicht. Er fragte die Lehrerin: »Wie schreibt man Ball?«

Die Lehrerin folgte dem Lehrplan und antwortete: »Höre auf deine Ohren!«

Aber Frank sagte: »Nein, nicht wie die Ohren sagen. Ich meine, wie man es schreibt.«

Die Lehrerin sagte: »Nein, Frank, das ist falsch, du musst deinen Ohren vertrauen, die sagen dir, wie man das Wort schreibt.«

Frank rastete aus: »Nein, die sagen das nicht richtig! Die scheiß Ohren können doch nicht lesen! Die sagen das falsch, ich will die Ohren nicht fragen! Ich will wissen, wie man Ball schreibt!«

Frank wurde aus dem Klassenzimmer verwiesen und bekam eine Strafarbeit.

Die Sache war damit nicht mehr zu retten. Frank und die Lehrerin blieben geschiedene Leute, wobei die Abneigung interessanterweise auf beiden Seiten gleich groß war. Die Eltern nahmen ihn von der Schule, nachdem sie sich bitterste Vorwürfe über das Sozialverhalten ihres Sohnes anhören mussten. Er kam auf eine freie Schule, die in Lernateliers den Schülern ihr eigenes Lerntempo gestattet. Hier nahm er wieder Fahrt auf.

Probleme über Probleme

Der US-amerikanische Publizist und Zukunftsforscher Alvin Toffler brachte es in einem Interview mit dem Wirtschaftsmagazin »Business 2.0« auf den Punkt: »Unser Erziehungssystem ist eine zweitklassige, fabrikmäßige Institution, die veraltete Informationen mit veralteten Methoden verabreicht. Die Schulen stehen in keinem Zusammenhang mit der Zukunft der Kinder, für die sie Verantwortung tragen.«

In der Geschichte von Frank stecken schon fast alle wesentlichen Probleme dieser typischen, fabrikähnlichen Schule von heute.

Das erste Problem: Unser komplettes Bildungssystem ist methodisch immer noch auf Frontalunterricht ausgerichtet. Jemand steht vorn an der Kreidetafel und erklärt den Schülern einen Sachverhalt. Schlimmer noch: Die Lehrer monologisieren und beschäftigen alle unter ihrer Aufsicht. Der Lehrer erteilt Anweisungen, er kontrolliert. Anweisung plus Kontrolle gleich Fabrik. Er bestimmt, was heute dran ist. Er ruft die Kinder auf, die was sagen dürfen. Er bestimmt vor allen Kindern, was richtig und was falsch ist. Er hat das Wissen, die Kinder sind die Dummen, denen er das Wissen vorträgt, damit sie es aufnehmen. Er teilt das Wissen aus wie Suppe mit der Suppenkelle.

Der Lehrer teilt das Wissen aus wie Suppe mit der Suppenkelle.

Natürlich gibt es mittlerweile auch in den Schulen andere Lehrer und andere Formate, die positiv von diesem Frontalunterricht abweichen – Fakt aber ist, dass Frontalunterricht wie seit Hunderten von Jahren immer noch allgemein üblich und keineswegs schlecht angesehen oder gar unerwünscht ist. Frontalunterricht ist aber prinzipiell schlecht. Er macht durch sein Format den Lehrer zum Wissenssender und den Schüler zum Wissensempfänger. In der Schule darf es heute aber nicht mehr primär nur um Wissensvermittlung gehen!

Und das ist auch gleich das zweite Problem: Aufgrund des Unterrichtssystems wird den Schülern vorwiegend Wissen vermittelt. Andere mindestens ebenso wichtige Dinge wie Kreativität, emotionale Bildung, ästhetische Bildung (Musik, Theater, Ballett), Sinn für das Sinnvolle oder konfliktlösende Intelligenz fallen unter den Tisch. Trainieren, Ausbilden, Ausprobieren, Praktizieren, Debattieren und Nachdenken kommen so gut wie nicht vor, höchstens als Ausnahme. Selbst im Kunstunterricht wird fabrikmäßig gelernt. Und die geklonten Einheitsprodukte werden dann vom Lehrer sogar noch stolz im Schulgebäude ausgehängt. Das Thema war das Blaue Pferd von Franz Marc, und die Arbeiten sehen sich so ähnlich, dass die Schüler ihr Bild fast nicht finden, wenn sie es beim Tag der offenen Tür der Oma zeigen wollen … Wir fragen uns, warum so ein Ausfluss von Konformität einem Kunstlehrer nicht peinlich ist.

Das führt zum dritten Problem: Unser Erziehungssystem basiert auf der Idee der wirtschaftlichen Nützlichkeit von Themen, weshalb es eine Hierarchie von Themengebieten gibt. Mathematik, Naturwissenschaften und Sprachen stehen ganz oben. In der Mitte Geisteswissenschaften. Am Ende Sport und Kunst. Und selbst in der Kunst stehen Musik und Zeichnen noch deutlich höher in der Hierarchie als Schauspiel oder Tanz. Warum gibt es diese Hierarchie? Warum wird ausgerechnet Kunst so wenig Bedeutung beigemessen?

Wir fragen uns, warum so ein Ausfluss von Konformität einem Kunstlehrer nicht peinlich ist.

Ganz einfach: weil wir darin keinen wirtschaftlichen Nutzen sehen. Würden sich die Schüler mehr Zeit pro Woche mit Künstlerischem beschäftigen, dann würden viele Eltern für ihre Kinder andere Schulzweige bevorzugen, aus Sorge um deren spätere Karriere. Die Bildungspolitiker würden Druck machen, weil die Wirtschaftslobby Druck auf sie ausübt.

Jeder von uns kennt es aus seiner eigenen Schulzeit, dass man uns von Dingen wegbringen wollte, die wir für interessant hielten – und dass wir zu Dingen gezwungen wurden, die andere für nützlicher oder sinnvoller hielten. Das Schulsystem geht davon aus, dass es zwei Arten von Themengebieten gibt: nützliche und nutzlose. Diejenigen, die als nutzlos angesehen werden, fallen raus oder werden zurückgedrängt, ganz besonders, wenn die öffentlichen Kassen schrumpfen.

Aber wenn immer andere bestimmen, was für sie nützlich ist, wie wollen die Menschen dann selbst einen Sinn für das entwickeln, was gut für sie ist?

Einer der Kurse, die den Stararchitekten Frank Gehry am meisten in seiner beruflichen Entwicklung weitergebracht hatte, war Töpfern … Und Steve Jobs, der berühmteste Uni-Abbrecher, hat in Interviews immer wieder von seinem Kalligraphie-Kurs erzählt, den er an der Universität als Gasthörer besucht hatte: »Wir arbeiteten alles in den Mac ein, es war der erste Computer, der wunderschöne Schriftzeichen setzen konnte … Wenn ich nicht ausgeschieden wäre, wäre ich niemals in diese Kalligraphie-Klasse gegangen und Computer hätten vielleicht nicht die wunderschönen Schriftarten, die sie jetzt haben …«

Apple ist es immer wieder gelungen, durch die Verbindung von Kunst und Technik herausragende Werte zu schaffen. Und genau dieses »Erfolgsgeheimnis« gehört bei Apple zum Standard. Entwicklerteams werden interdisziplinär mit Technikern und Künstlern, Historikern, Dichtern oder Musikern bestückt. Jobs war auf diesem Gebiet eine treibende Kraft. Er wollte, dass jedes Projekt von den besten kulturellen Errungenschaften der Menschheit profitiert.

Wenn dieses Prinzip aber so fruchtbar ist, dass es in den weltbesten Unternehmen angewendet wird, warum haben wir dann in den Schulen flächendeckend die Hierarchie der Fachgebiete? Warum begreifen wir das nicht?

Viertes Problem: das eherne Prinzip der Gleichheit. Die Logistik in den Schulen verlangt, dass alle Schüler synchron im gleichen Zeitraum im genau gleichen Maße verbessert werden, sie müssen alle Stufen gemeinsam gehen. Sie müssen immer auf dem etwa gleichen Stand stehen, in allen Fächern. Wird die Bandbreite innerhalb der Klasse zu groß, zerstört das die synchrone Unterrichtsform.

Darum werden die schnelleren Schüler eingebremst, demotiviert und gelangweilt, damit sie nicht zu schnell lernen. Das Tempo richtet sich zwangsläufig nach den langsameren Schülern. Alle müssen gleich langsam sein. Wer es dennoch nicht packt, bleibt sitzen. Sitzenbleiben ist ein Wahnsinn sondergleichen. Die seelische Demütigung ist riesig, der Nutzen fragwürdig. Der eigentliche Zweck des Rausschmisses aus der Klassengemeinschaft ist die Aufrechterhaltung des Synchronunterrichts, der nur funktioniert, wenn die Schüler gleich genug sind.

Es gibt hier und da bereits andere Modelle in experimentellen Schulformen. Die funktionieren auch zum Teil hervorragend. Das wollen wir nicht verschweigen. Und es hängt auch sehr von den Lehrern und Schulleitern ab. Es gibt tolle Beispiele von aufgeschlossenen und mutigen Lehrkräften. Aber bei allem Enthusiasmus in der Nische: Das sind Ausnahmen! Die Mehrheit der Schulen funktioniert noch immer nach den gleichen alten Prinzipien.

Auch die Prüfungen sind für alle gleich. Total verrückt. Das ist das fünfte Problem: standardisierte Prüfungen. Alle werden über einen Kamm geschoren, völlig unabhängig von ihrer spezifischen Begabung, ihrer persönlichen Geschichte und ihrer unterschiedlichen biologischen Entwicklung. Das Prinzip der Gleichheit erzwingt die Einengung der Bildung auf Inhalte, die sich unter einem solchen System in gleicher und synchroner

Weise den Schülern vermitteln lassen. Dazu gehört natürlich, was in Büchern geschrieben steht. Das kann »vorgelesen« und »gelernt« werden.

Nicht nur die Schüler werden geprüft, sondern auch die Schulen, nämlich durch die standardisieren Schulleistungstests. Kinder überall auf der Welt stehen unter großem Druck, ein hohes Leistungsniveau zu erreichen, das durch standardisierte Tests abgeprüft wird. Politiker leiten dann von den Testergebnissen auf fragwürdige Weise ihre Bildungspolitik ab. Hier wird reihenweise ein an sich legitimes Analyseverfahren mit der Zielsetzung verwechselt. Berühmtestes Beispiel ist die PISA-Studie. Ausgewiesenes Ziel: als Nation im PISA-Ranking wieder nach oben kommen. Was für ein sinnloses Ziel! Schule ist doch kein Leistungssport!

Darum werden die schnelleren Schüler eingebremst, demotiviert und gelangweilt, damit sie nicht zu schnell lernen.

Das Schlimme dabei ist, dass dadurch Innovation und Kreativität in der Erziehung unterdrückt werden und die Motivation von Lehrern und Schülern leidet. Gefördert wird der Einheitsbrei nach alter Schule. Das ganze Bildungssystem wird zum Vorbild für die Schüler: Gelernt wird nicht aus Interesse, sondern für den Test.

Problem Nummer sechs: Standardisierung statt Premium. Gunter Dueck kritisiert das vehement in seinem lesenswerten Buch *Aufbrechen!:* Kindergartenzeiten effizient zur Schulvorbereitung nutzen, Zurückschrauben von Aktivitäten wie Singen, Spielen und Basteln, die kein klares Ziel haben. Zusammenlegen von Schulen zu Schulfabriken. Klassengrößen am oberen Toleranzrand halten. Preiswertere Lehrer auf Angestelltenbasis oder in Teilzeit einstellen. Nur Kompetenzen vermitteln, die unbedingt fürs Abitur gebraucht werden. Alle anderen Kompetenzen einsparen und die Theater-AG, das Schulorchester etc. abschaffen oder kostenpflichtig machen. Gymnasium auf acht Jahre komprimieren, ohne Stoff zu streichen. Verschulung des Studiums, Standardisierung der Stundenpläne. Verlagerung des

Studiums von der Uni zum Selbststudium für die Prüfung. Und das alles überall im Gleichschritt, so dass Kindern und Eltern keine Alternativen bleiben.

Die wahren Schulfächer

Schulen sind organisiert wie Fabriken vor hundert Jahren. Das ist geradezu absurd, wenn man es sich vor Augen führt. Es gibt hierzu ein geniales Buch von John Taylor Gatto: *Verdummt noch mal!* Gatto wurde mehrfach zum »besten Lehrer von New York« gewählt und mit Preisen für seinen außergewöhnlich guten Unterricht ausgezeichnet. Er kritisiert den herrschenden Schulbetrieb massiv. In seinem Buch beschreibt er, was Kinder in der Schule wirklich lernen:

1. Verwirrung: Der Stundenplan sorgt dafür, dass alles, was unterrichtet wird, aus dem Zusammenhang gerissen wird und relativ oberflächlich bleibt.

2. Gesellschaftliche Schichtung: In den Schulklassen werden Kinder gleichen Leistungsniveaus zusammengefasst. Je nach Art der Schule/Klasse lernen sie, wo ihr Platz in der gesellschaftlichen Pyramide ist.

3. Gleichgültigkeit: Da bei Ertönen der Pausenglocke eine auch noch so interessante Unterrichtsstunde abgebrochen wird, lernen die Kinder, »dass es keine Arbeit gibt, die es wert ist, zu Ende geführt zu werden«. Irgendwann engagieren sie sich dann nicht mehr – oder tun bloß so als ob.

4. Emotionale Abhängigkeit: Durch positive und negative Verstärkung, durch Lob und Strafe des Lehrers lernen die Schüler, »ihren Willen der vorherbestimmten Befehlskette zu unterwerfen«.

5. Intellektuelle Abhängigkeit: Die Lehrer sagen den Schülern, was sie denken und lernen sollen. So werden sie auch in Zukunft Hierarchien, mangelnde Autonomie und Unselbständigkeit akzeptieren.

6. Labiles Selbstbewusstsein: Da die Leistungen und das Verhalten der Schüler fortwährend beurteilt werden, lernen die Kinder, sich der Bewertung durch andere Menschen zu unterwerfen, anstatt sich auf ihr eigenes Urteil zu verlassen.

7. Man kann sich nicht verstecken: Kinder werden nicht nur in der Schule fortwährend beobachtet, sondern die Überwachung erstreckt sich auch indirekt auf die Familienzeit, da die Schüler dann die Hausaufgaben machen müssen.

Gatto sagt über die Lernfabriken, die seiner Meinung nach kafkaeske Rituale erzeugen: »Sie halten Kinder in kargen Räumen gefangen, die den Sinnen keine Reize bieten. Sie teilen Kinder aufgrund willkürlicher Kriterien wie Alter oder Prüfungsnoten in unflexible Kategorien ein. Sie lehren Kinder, auf den Klang einer Glocke ihre augenblickliche Beschäftigung fallen zu lassen und sich von einem Raum in den anderen zu begeben. Sie verbieten Kindern, ihre eigenen Entdeckungen zu machen, und versuchen stattdessen, ihnen vermeintliche Lebensgeheimnisse einzuimpfen.«

»Sie lehren Kinder, auf den Klang einer Glocke ihre augenblickliche Beschäftigung fallen zu lassen und sich von einem Raum in den anderen zu begeben.«

Und diese Menschen, die mit der Schulabschlussfeier hinten aus der Lernfabrik herausmarschieren, treten danach ins Arbeitsleben ein. Und nun? Sie haben zwar – wenn alles gutging – die fachliche Kompetenz, die Theorie, die formalen Fähigkeiten. Aber was ist mit all den anderen so wichtigen Kompetenzen?

Auf der Verliererstraße

Die Statistik sagt: Mit einer abgeschlossenen Schullaufbahn hat man es leichter im Berufsleben als ohne. Je höher der Abschluss, desto besser die Chancen. Das Bundesinstitut für Berufsbildung meldete 2010, dass von Personen mit Hauptschulabschluss

18,5 Prozent später arbeitslos sind, von den Abiturienten nur 7,5 Prozent.

Wer also in der Schule nicht oben mitschwimmt, hat auch im Job schlechtere Chancen. So scheint es zumindest. Das heißt aber noch lange nicht, dass derjenige, der sich Mühe gibt, sich an das Schulsystem anpasst und brav alles mitmacht, automatisch beruflichen Erfolg hat.

»Bereits nach wenigen Jahren tendieren die Korrelationen zu Examensnoten gegen null«, zu diesem Ergebnis kam 2002 eine Studie der Universität Siegen. Der Schulabschluss selektiert, welchen Beruf man wählt. Aber ob man im Beruf erfolgreich wird oder wie sich das Gehalt entwickelt, hat rein gar nichts mit den Schulnoten zu tun. Sie sind schlicht irrelevant.

Warum das so ist, lässt sich leicht erklären. Schulnoten enthalten keinerlei Aussage über die Fähigkeiten eines Schülers – außer einer Fähigkeit …

Die Tochter eines befreundeten Paares hat ein Traumabi gebaut: 1,0. Die Eltern waren sehr stolz, und das ist ja auch verständlich. Aber stolz worauf genau? Die Tochter konnte das sehr gut selbst analysieren. Wir unterhielten uns mit ihr, und sie berichtete freimütig: »Das ist ganz einfach. Ich habe irgendwann gemerkt, dass es unmöglich ist, alles zu lesen und auswendig zu lernen, was im Schulstoff steht. Die anderen haben eigentlich nur deswegen schlechte Noten, weil sie nicht alles schaffen zu lernen und darum in den Prüfungen Lücken haben. Ich habe mir gesagt: Wenn du es schaffst, die Lücken nur dort zu haben, wo nichts geprüft wird, dann musst du ja gute Noten haben.«

Schulnoten sind schlicht irrelevant.

»Klingt logisch«, sagte Anja. »Aber wie machst du das, dass du die Lücken genau da lässt, wo nicht geprüft wird? Das weißt du doch nicht vorher, oder?«

»Doch, das weiß ich ganz genau. Das ist einfach. Die Lehrer wissen ja, was geprüft wird. Also reden sie im Unterricht von diesen Sachen. Du musst einfach nur genau zuhören, was die

Lehrer im Unterricht sagen. Das ist eigentlich gar nicht so viel. Ich habe mir Notizen gemacht und dann in den Büchern nur das auswendig gelernt, was die Lehrer davor in der Klasse gesagt hatten. Alles andere habe ich einfach weggelassen. Eigentlich habe ich so ziemlich wenig gelernt. Und im Vergleich zu den Mitschülern war ich schneller durch. Und jetzt habe ich nur Einser!«, sagte sie fröhlich.

Uns ist völlig klar: In Zeiten, wo sich Lehrer-Hasser-Bücher mit Eltern-Hasser-Büchern abwechseln, wo frustrierte Lehrkräfte, die einerseits überlastet und fehlausgebildet sind, andererseits spüren, wie ihre Autorität immer weiter schwindet – vor den Eltern, vor den Schülern und vor der ganzen Öffentlichkeit –, wo orientierungslose Eltern aus Sorge um das Wohl ihrer Kinder auch mal kräftig austeilen, in solchen Zeiten ist so ein Beitrag wie dieses Kapitel ein weiterer Tropfen Öl im Feuer – Stichflamme!

Bildung allgemein und Schule ganz besonders sind ein sehr sensibles Thema, eher ein Minenfeld.

Darum an dieser Stelle ganz ausdrücklich: Wir kritisieren keinen einzigen Lehrer. Nicht einmal die, die ganz offensichtlich den Beruf verfehlt haben. Auch sie sind selbst Opfer des Bildungssystems. Wir kritisieren auch keine Eltern, sie sind nämlich den Verhältnissen völlig ausgeliefert.

Alles, was wir wollen, ist, Ihnen die Augen zu öffnen, wie überholt unser Bildungssystem heute ist, weil die Welt sich drumherum weitergedreht hat, während das System im Kern das alte geblieben ist.

Ja, es hat etwas Zynisches, dass von der Wirtschaft genau die Fähigkeiten von den Schulabgängern gefordert werden, die ihnen vorher systematisch abtrainiert wurden. Dass wir unsere Kinder umgeben mit SMS, Facebook, YouTube und allen möglichen Ablenkungsreizen und ihnen dann vorwerfen, dass sie sich vom Unterricht ablenken lassen. Dass wir mit dem Turbo-Abi von unseren Kindern eine 50-Stunden-Woche fordern, mehr als jeder Tarif-

Wir kritisieren keinen einzigen Lehrer. Nicht einmal die, die ganz offensichtlich den Beruf verfehlt haben.

vertrag in Deutschland zulässt. Dass wir den Lehrerberuf so unattraktiv gestalten, dass die Besten andere Berufe wählen. Und so weiter. Die Schieflage ist katastrophal.

Aber Moment: Vielleicht ist das ja gar keine Schieflage. Vielleicht haben wir nur einen schiefen Blick! Ohne zynisch sein zu wollen: Es könnte ja auch sein, dass unser Bildungssystem gar nicht so falsch ist, wie wir es in diesem Kapitel dargestellt haben. Denn möglicherweise ähnelt unser Bildungssytem tatsächlich der realen Welt. Vielleicht bereitet die Schule unsere Kinder perfekt vor auf eine Arbeitswelt voller Fabriken mit den Routinearbeiten von Bürosklaven in genormten Büros in seelenlosen Bürotürmen.

Es ist nur so: Wenn wir das eine nicht mehr wollen, müssen wir auch das andere verändern! Die triste Realität in den Unternehmen hängt mit der tristen Realität in den Schulen untrennbar zusammen.

Unser Schulsystem ist zu stark geprägt von der Vergangenheit, als dass wir es sinnvoll weiterreformieren könnten. Es schrittweise zu verbessern, dauert Jahrzehnte – und die haben wir nicht mehr. Wenn wir so weitermachen, wird unsere Gesellschaft global immer weniger wettbewerbsfähig sein. Für die Routinearbeiten, zu denen uns die Schule befähigt, sind wir alle zu teuer. Diese Arbeit ist schon jetzt in die Billiglohnländer und in die Domäne der Computer gewandert, und der Rest dieser Arbeit wird uns auch noch verlassen.

Was unser Ziel sein sollte: ein komplett neues Schulsystem, das zu Kreativität und Eigenverantwortlichkeit ausbildet, das gute Fragen höher bewertet als Antworten, das Kreativität und methodisches Können höher bewertet als auswendig gelerntes Faktenwissen, das Individualität höher bewertet als Uniformität, das Lehrer achtet, gut bezahlt und mit der notwendigen Autonomie ausstattet, damit sie ihre Arbeit ideenreich und engagiert machen können.

Wie wir so ein Schulsystem bekommen können, darauf gibt es keine schnellen und einfachen Antworten. Von der Politik können wir nicht viel erwarten. Darum ist es auch müßig, von ihr etwas zu fordern. Der Weg, der uns derzeit am erfolgversprechendsten erscheint, ist der der freien Schulen. Außerhalb des starren, verregelten und in historisch gewachsenem Wildwuchs verstrickten staatlichen Bildungssystems gibt es mittlerweile viele clevere, inspirierende, mutige und hoffnungsvolle freie Schulen. Da entsteht die Zukunft, dort sollten wir genauer hinschauen.

Warum? Weil Talent und persönliche Fähigkeiten in unserer Wirtschaft alles sind, was wir haben. Das Land mit dem besseren Bildungssystem wird im weltweiten Wettbewerb letztendlich gewinnen. Und im Moment verlieren wir. Haushoch.

Kapitel 3

Betriebswirtschaftsleere

Wirtschaft führt in den Schulen ein tristes Schattendasein. Auf Lehr- und Stundenplänen ist davon weit und breit nichts zu sehen. Die elementarsten Grundlagen von Betriebswirtschaftslehre, Buchführung, Finanzwirtschaft, volkswirtschaftlichen Zusammenhängen, Personalführung, Marketing, Verkauf oder Organisationslehre hält unser Schulsystem fern von unseren Kindern, als ob es sich um ein striktes Tabuthema handeln würde. Selbst in den Gymnasien spielt Wirtschaft keine Rolle. Man kann locker ein Einser-Abi machen, ohne den Unterschied zwischen Umsatz und Gewinn begriffen zu haben. Und, bitte: Das ist keine Polemik!

Nun ist es ja nicht so, dass das monatliche Einkommen aus der Steckdose käme oder dass die Staatskasse allein mit gedrucktem Geld gefüllt würde. Alle Gehaltszahlungen und alle Steuern müssen ja erst einmal erwirtschaftet werden, und das tun ausschließlich Unternehmen – inklusive Selbständiger und Freiberufler. Unternehmen geben ungefähr der Hälfte der Bevölkerung einen Arbeitsplatz und sorgen durch ihre Wertschöpfung für buchstäblich alles, was wir zum Leben brauchen, und auch dafür, was wir nicht brauchen, aber gerne haben wollen. Sie sorgen für die Produkte und sie sorgen über die Gehaltszahlungen für das Einkommen der Mitarbeiter und damit für das Konsumpotenzial.

Wer also behauptet, Wirtschaft sei nicht von elementarer Bedeutung für das Leben jedes einzelnen Menschen, der hat die Zusammenhänge nicht begriffen. Insofern könnte man doch durchaus auf die naheliegende Idee verfallen, den Kindern in der Schule die Grundlagen der Wirtschaft mit ihren Besonderheiten und Mechanismen beizubringen. Finden Sie nicht? Aber diese Welt der Wirtschaft ist vielen Pädagogen so merkwürdig fremd …

Unsere Schulen machen um Wirtschaft, insbesondere um Betriebswirtschaft und Management, einen riesengroßen Bogen. Sie produzieren ein Heer von wirtschaftlichen Analphabeten. Und das ist kein Zufall.

Manageable

Die Idee des Managements stammt nämlich ebenso aus dem Industriezeitalter wie das Schulsystem. Aber das Industriezeitalter ist spätestens seit dem 6. August 1991 endgültig vorbei, als Tim Berners-Lee das World Wide Web öffentlich zugänglich machte.

Zur Hochzeit des Industriezeitalters, vor allem in Preußen, waren Wirtschaft und Bildung eine perfekte Symbiose eingegangen. Die Schulen hatten die Aufgabe, ein Heer von Arbeitern zu produzieren, das die Wirtschaftsmaschine am Laufen hielt, an den Fließbändern die immer gleichen Handgriffe ausführte, die Anweisungen befolgte und vor allem ihre Muskelkraft dem Unternehmen für manuelle Arbeit zur Verfügung stellte.

Die Grundidee der Fabrik war damals revolutionär. Sie ermöglichte eine radikal andere Arbeitsweise als in den klassischen Manufakturen und völlig andere Größendimensionen von Betrieben. Adam Smith, der Vater der klassischen Nationalökonomie, beschrieb das industrielle Prinzip 1776 in seinem Buch *Wealth of Nations:* Komplexe Aufgaben werden in kleine, wiederholbare Schritte unterteilt, die von Niedriglohnbeziehern ausgeführt werden, die wiederum bei ihrer Arbeit die einfach verständlichen Anweisungen ihrer Vorgesetzten befolgen. Das Ordnungsprinzip der innerbetrieblichen Hierarchie wurde aus

Unsere Schulen produzieren ein Heer von wirtschaftlichen Analphabeten. Und das ist kein Zufall.

dem Militär übernommen. War zuvor ein Wirtschaftsbetrieb wie eine Familie organisiert, die einen Vater, also den Meister, und Kinder, also die Gesellen und Lehrlinge, hatte, so wurden jetzt, da es Maschinen für die Massenproduktion gab, die Unternehmen wie Kompanien, Regimenter oder Armeen geführt.

Was die Fabrikbesitzer für ihren Erfolg brauchten, waren leicht zu ersetzende Zahnrädchen in der Maschinerie, fleißige Regelbefolger und zuverlässige Firmensoldaten, die sich einfügten, einfache Anweisungen verstanden und befolgten und zuverlässig, pünktlich und diszipliniert ihre Aufgabe erledigten.

Der Arbeitsplatz wurde standardisiert. Nur so war es möglich, eine Vielzahl von Arbeitern zu koordinieren und Massenprodukte von konstanter Qualität zu produzieren. Vor hundert Jahren arbeiteten etwa 60 Prozent der arbeitenden Bevölkerung in der Industrie und nur noch 35 Prozent im Handwerk.

Diese Form von Unternehmen wurde vervollständigt durch das Konzept des Managements, das der amerikanische Ingenieur Frederick Winslow Taylor perfektionierte und ausführlich beschrieb. Sein Werk *The Principles of Scientific Management* von 1911 ist sicherlich eines der einflussreichsten Werke der jüngeren Weltgeschichte, denn es war eine Anleitung für das Wirtschaften im 20. Jahrhundert.

Taylor machte Arbeit messbar und berechenbar, er machte Kosten und Gewinn von Arbeit kalkulierbar. Er sorgte dafür, dass die Arbeitermassen für die Unternehmensführung »handhabbar« wurden, also »manageable« wurden. So gut wie alles, was heute in den Hochschulen und Berufsschulen über Management gelehrt wird, basiert auf den Prinzipien, die Taylor beschrieben hatte. Und dementsprechend besteht unsere Wirtschaft weitgehend aus einer Monokultur von Unternehmen, die so aufgebaut, strukturiert und geführt werden, wie Taylor es vor hundert Jahren vorgeschlagen hatte. Und das war ein grandioser Erfolg! Das 20. Jahrhundert brachte den größten wirtschaftlichen Aufschwung der Menschheitsgeschichte hervor. Wir müssen dem Fabrikzeitalter dankbar sein. Die Ära des Managements hat Fantastisches vollbracht. Aber wo viel Licht ist, ist auch Schatten …

Sieben Grundsätze für den Erfolg von gestern

Es sind im Wesentlichen sieben altbewährte Prinzipien, mit denen fast alle Unternehmen noch heute organisiert und geführt werden: Hierarchie, Anweisung und Kontrolle, abteilende Ordnung, Effizienz, Standardisierung, Prozessoptimierung und Routine.

Hierarchie – wie bei der Armee. Was dort Schulterklappen, Sterne und Streifen sind, ist im Business das eigene Büro, die persönliche Assistentin, die Gehaltsklasse, die Funktionsbezeichnung auf der Visitenkarte, die Größe der Firmenkarosse, die willige Entourage von Bereichsleitern und Assistenten, die innerbetrieblichen Privilegien wie etwa das Spesenkonto, Business- oder First-Class-Flüge und die Übernachtung in edlen Hotels – alles Symbole, die den Status signalisieren. Das sind die begehrten Insignien der Macht. Die Machtausübung innerhalb der Hierarchie ist streng geregelt, es gibt fachliche und disziplinarische Vorgesetzte. Die Richtung der Disziplinierung ist immer von oben nach unten, ebenso wie die Richtung des strategischen Informationsflusses. Die Römer haben bereits vor 2500 Jahren mit ihren Legionen Maßstäbe gesetzt, die noch heute anwendbar sind. Nur mit strikter Disziplin, die durch eine strenge Hierarchie gesichert wird, lässt sich ein feindliches Land erobern. Heute heißt das feindliche Land: Marktanteile.

Anweisung und Kontrolle – wie bei strengen Eltern. Du gehst jetzt die Zähne putzen! Hast du dir die Hände gewaschen? Hast du dein Zimmer aufgeräumt? – Sie machen jetzt bitte zuerst die Präsentation fertig! Haben Sie das Zeiterfassungsblatt ausgefüllt? Haben Sie Herrn Müllermeierschulze über die neuen Termine informiert?

Erwachsene Menschen werden wie Kinder behandelt, denn man geht davon aus, dass ohne klare Anweisungen und anschließende Kontrolle die Angestellten einfach gar nichts machen würden. So wie ein kleines Kind, das man nicht zum Zähneputzen schickt, sich niemals die Zähne putzt. Und wenn die Mama oder der Papa das Kind nicht kontrollieren, dann behauptet es einfach, dass es die Zähne geputzt hat, und versucht, die Eltern auszutricksen – ganz so wie ein Arbeiter ohne Aufsicht. Von dem nimmt die klassische Managementlehre auch an, dass er Pause macht, sobald er sich unbeobachtet fühlt.

Du gehst jetzt die Zähne putzen! – Haben Sie Herrn Müllermeierschulze über die neuen Termine informiert?

Abteilende Ordnung – wie in einem Setzkasten. Funktionseinheiten in Unternehmen werden ab-geteilt, darum heißen sie ja Abteilungen. Innerhalb jeder Abteilung gibt es lauter kleine Kästchen, das sind die Arbeitsplätze. Jeder Arbeitsplatz bekommt eine Arbeitsplatzbeschreibung mit einer klaren Abgrenzung des Aufgabenbereichs zu den anderen Arbeitsplätzen. Damit wird ein starrer Zustand definiert – die Zuständigkeiten. Natürlich, wenn man davon ausgeht, dass Menschen Zahnrädchen sind, dann tun Menschen nur das, was man ihnen genau vorschreibt. Und damit das ganze Uhrwerk funktioniert, muss jedes Zahnrädchen genau definiert und platziert werden. Es ist Verschwendung, wenn zwei Menschen nebeneinander an einer Maschine rumstehen, die nur einer bedienen kann. Es ist auch Verschwendung, am Fließband zwischen zwei Arbeitern zu viel Zwischenraum zu lassen. Der Arbeitsradius jedes Menschen wird genau abgezirkelt, um eine lückenlose Abdeckung der Arbeitskraft zu gewährleisten. Heute heißt das Kästchen vor allem Schreibtisch. Jedes Männchen im Setzkasten hat sein eigenes kleines Plätzchen. Kein Kästchen ist leer. Die Organisation funktioniert.

Effizienz – wie bei einer gut geölten Maschine. Gut geölt ist sie dann, wenn der Widerstand minimal ist. Dann schnurrt und rattert die Maschine und spuckt in kurzen Abständen Joghurtbecher oder Schrauben aus: pflop, pflop, pflop, pflop. Da quietscht nichts, da hakt nichts, es läuft rund. Dementsprechend ist die Maschine Unternehmen dann perfekt organisiert, wenn die Effizienz maximal, also das Verhältnis zwischen Ertrag und Aufwand optimiert ist. Jeder Widerstand, jede überflüssige Kommunikation, jeder Zeitverlust ist ausgemerzt. Der Ertrag pro Zeiteinheit wird maximiert. Das Management hat alles hocheffizient organisiert und bestimmt und freut sich daran, wie glatt alles läuft. Pflop, pflop, pflop, pflop.

Standardisierung – wie im Fastfood-Restaurant. Jeder Handgriff sitzt – nicht weil das Können der Mitarbeiter so groß wäre, sondern weil die Arbeit in so kleine und normierte Häppchen zerlegt wurde, dass die einzelnen Arbeitsschritte von leicht austauschbaren helfenden Händen erledigt werden können, ohne Einfluss auf das Arbeitsergebnis.

Egal in welches Restaurant der Fastfood-Kette Sie auf der Welt gehen: Es schmeckt immer gleich. Es riecht immer gleich. Es sieht überall gleich aus. Klar, weil weltweit überall auch die gleichen Handgriffe ausgeführt werden. Möglich ist das nur, wenn die Produkte standardisiert sind und wenn der Verkaufsprozess standardisiert ist. Egal in welchem Restaurant Sie sind: Sie stehen als Kunde auf die gleiche Weise am Tresen an, Sie bekommen die gleichen Fragen gestellt (»Getränk?«, »Zum Mitnehmen?«, »Ketchup zu den Pommes?«), Sie sitzen an den gleichen Tischen, Sie bekommen das gleiche Erlebnis, überall. Wer sein Unternehmen so organisierte, Standardisierung von vorne bis hinten, von oben nach unten, der bekam gleichbleibende, verlässliche Ergebnisse und vorkalkulierbaren Erfolg. Außerdem wurde so das ganze Unternehmen überhaupt erst skalierbar. Standards ermöglichten Masse, Größe, Durchschlagskraft.

Pflop, pflop, pflop, pflop.

Prozessoptimierung – wie in der klassischen Ballettschule. Im Chor der Tänzerinnen muss jede Fingerhaltung sitzen: der kleine Finger eine Spur weiter vom Ringfinger abgespreizt als der vom Mittelfinger … jeder hochgestreckte Fuß – en dehors! – bei der Arabesque auf exakt derselben Höhe, alle drehen sich im selben Sekundenbruchteil: rond de jambe en l'air! Von dem vorgegebenen Prozess darf die Tänzerin keinen Millimeter abweichen. Sonst sieht das Gesamtbild schlecht aus. Alternativ können Sie auch die Pit Crew eines Formel-1-Rennstalls nehmen. Auch da ist alles bis auf den Sekundenbruchteil, bis auf den Millimeter durchchoreographiert. Beim Grand Prix von Deutschland 2012 auf dem Hockenheimring wechselte die rund 20-köpfige Pit-Crew von McLaren-Pilot Jenson Button während des Rennens vier Reifen in 2,31 Sekunden. Das ist nur möglich mit perfekter Koordination, mit bis ins Detail ausgeklügelter Zusammenarbeit, mit dem Ausmerzen von allem Überflüssigen und von allem von der Norm Abweichenden. Mit höchster Konzentration und permanenten Korrekturen, bis zur Perfektion.

Routine – wie bei einem alten Ehepaar. Er stellt immer die Kaffeemaschine an. Sie legt immer die Kleider raus. Das Frühstücksei kocht sie jeden Morgen auf den Punkt. Mittagessen gibt es pünktlich um zwölf Uhr, egal was an diesem Tag passiert. Zuerst immer die Suppe. Sie ist es immer, die die Teller auf den Tisch stellt. Er ist es immer, der den Sprudel aus dem Keller holt und die Flasche auf dem Tisch immer auf denselben Platz stellt. Auf dem Teppich sind die üblichen Wege abgewetzt. Herrlich! So lässt es sich leben und arbeiten, denn die heilige Routine liefert maximale Sicherheit. Konstante Qualität und geringe Fehlerquote im Unternehmen sind wirtschaftlich. Und alles immer so zu machen, wie es sich bewährt hat, spart Kosten, Energie und Ärger. Wer immer das Gleiche macht, geht keine Risiken ein und macht nie etwas falsch. Jedenfalls solange das Umfeld immer gleich bleibt …

Auf dem Teppich sind die üblichen Wege abgewetzt. Herrlich!

Das Ende der Kreidezeit

In dieser verlässlichen, bewährten, effizienten Art, ein Unternehmen zu führen, steckt ein enormes Versprechen: Wenn du dein Unternehmen auf diese Weise organisierst, dann kann nichts schiefgehen. Dann wirst du erfolgreich sein. Dann wirst du konkurrenzfähig und profitabel sein, denn erstens ist es millionenfach bewiesen und bewährt und zweitens machen es alle anderen auch so.

Ja, wirklich?

Nicht wenige Professoren, Management-Gurus und Lehrbuchautoren glauben tatsächlich, dass es eine richtige Art gibt, ein Unternehmen zu führen. Sie glauben auch, dass es immer schon richtig war und immer richtig sein wird, eben weil es die richtige Art ist.

Einer der bekanntesten Management-Autoren in Deutschland, Fredmund Malik, schreibt in seinem Führungsklassiker *Führen, leisten, leben* ausdrücklich, dass er »professionelle Standards« setzen will, dass er in seinem Buch dargestellt habe, »was alle Führungskräfte immer und überall in ihrer Funktion als Manager brauchen«. Keine Frage, Fredmund Malik schreibt auch viele gute Dinge, beispielsweise propagiert er allgemeine Grundsätze wie Vertrauen, Ergebnisorientierung oder Orientierung an den Stärken anstatt an den Schwächen. Diese Grundsätze würden wir sofort unterzeichnen.

Aber außerdem beschreibt er minutiös, welche Aufgabe ein Manager zu erledigen habe. Und dass ein Manager jedem Mitarbeiter persönliche, fixe Ziele zu setzen habe, den Betrieb von oben herab zu organisieren habe, Entscheidungen zu treffen habe, die Ausführung seiner Anweisungen zu kontrollieren und die Leistungen seiner Mitarbeiter zu beurteilen habe – all das klingt ja auch sehr schlüssig und ist bestimmt auch gut und richtig … aber eben nur innerhalb des von Adam Smith und Frederick Winslow Taylor abgesteckten Rahmens des industriellen Managements.

Malik geht sogar so weit, die Instrumente und Werkzeuge des Führens ein für alle Mal festzulegen: Sitzung, Bericht, Arbeitsplatzbeschreibung, Budget, Leistungsprofil. Stellvertretend für eine ganze Kaste von Management-Lehrern tut Malik so, als gäbe es keine anderen funktionierenden Möglichkeiten, ein Unternehmen zu führen, er bezeichnet alle von seinem »guten und richtigen Management« abweichenden Methoden und Organisationsformen sogar als »Unsinn, (...), pseudowissenschaftlicher Schwachsinn«, als falsch und gefährlich. Er schreibt, dass er nur zwei Sorten Manager kennengelernt habe: die guten, die »richtig führten«, und die schlechten, »die es falsch machten«. Sein Werk besteht nun darin, dieses »gute und richtige« Management zu definieren und vor dem »schlechten und falschen« Management zu warnen.

Mit alldem beschreibt er wunderbar die Erfolgsprinzipien der letzten Jahrzehnte. Aber er ignoriert völlig, dass sich die Zeiten grundlegend geändert haben und dass es bereits jetzt etliche Unternehmen gibt, die so längst nicht mehr funktionieren und trotzdem – oder gerade deshalb – zu den erfolgreichsten der Welt gehören. Er ignoriert, dass immer mehr Unternehmen auf Budgets verzichten. Keine fixierten, persönlichen Ziele mehr vorgeben. Und auf Anweisung und Kontrolle von oben verzichten. Stattdessen werden Entscheidungen von den Mitarbeitern getroffen, die am Nächsten am Geschehen dran sind. Managementpositionen sind abgeschafft und einseitige Leistungsbeurteilungen durch Vorgesetzte sind durch gegenseitige Feedbackprozesse auf Augenhöhe mit Kollegen, Partnern und sogar Kunden ersetzt worden.

Der Manager-Ritter klappt sein Visier hoch und staunt!

Die Realität in den besten Jobs bei den besten Unternehmen der Welt sieht bereits völlig anders aus als noch vor zwanzig Jahren. Sie sieht so aus, wie es sich viele Manager, Professoren und Berater überhaupt nicht vorstellen können.

Was dann nach dem Verlassen der Uni und mit dem Eintritt in die Realität einer weltumspannenden, übers Internet vernetzten, hochdynamischen, hochkomplexen und nicht-linear ablaufenden Wirtschaft passiert, ist vergleichbar mit einer versehentlichen Reise in einer Zeitmaschine: Die Manager waren gerade eben noch dabei, in Ritterrüstung mit der Lanze in der Hand auf dem gepanzerten Pferd in Richtung Burg zu galoppieren, um den Drachen zu besiegen und das im Turm gefangene Burgfräulein zu retten. Doch plötzlich gibt es einen Blitz, und zack, stehen sie mit ihrer Rüstung und ihrem verblüfften Pferd mitten in einer Shopping Mall im Stadtzentrum einer Millionenmetropole von 2013.

Der Manager-Ritter klappt sein Visier hoch und staunt: Die Menschen wuseln durcheinander, aber jeder scheint ein Ziel zu haben. Sie sind völlig unterschiedlich gekleidet. Der Boden ist aus Marmor. Geheimnisvolle, unsichtbare Fackeln erhellen den riesigen Raum. Riesengroße Fenster und darin nackte Frauen. Ach, das sind ja nur Puppen. Leuchtende Schriften. Treppen, die sich bewegen und im Boden verschwinden. Die Leute haben kleine Zaubermaschinen in der Hand, mit denen sie reden, die sie sich ans Ohr halten und auf denen sie mit dem Finger Zauberbewegungen ausführen. Manche haben Metallgestelle mit Glasscheiben auf der Nase. Einer hat Rollen unter den Füßen und huscht damit so schnell wie ein Pferd durch die Menge.

Unmöglich, hier noch zu definieren, was das Ziel des Ritts ist: Wo ist das Fräulein? Wo ist die Burg? Was ist hier zu tun? Wie findet man sich hier zurecht? Um was geht es überhaupt?

So einen Manager-Ritter aus längst vergangenen Zeiten haben wir neulich erlebt, und zwar auf einem bemerkenswerten Kongress. Es ging bei dieser Veranstaltung um nichts weniger als um eine der größten Herausforderungen dieser Tage für Unternehmen: um Strategien für das digitale Zeitalter. Eine ganze Reihe mutiger und hellwacher Unternehmer hatte auf diesem Kongress bereits präsentiert. Die Unternehmer und Marketingleiter stellten ihre Ideen, Versuche, Strategien, Pannen, Erfolge und Erfahrungen vor. Sie berichteten darüber, wie sie die

Herausforderung angenommen haben und weiter annehmen werden. Natürlich hatte niemand fertige Antworten auf die großen Fragen der Zukunft. Aber trotzdem, es war eine wahre Freude: so viele frische Ideen, Cleverness, Mut, Begeisterung, Experimentierfreude, Versuch und Irrtum, geballtes Know-how, Inspiration, Optimismus und Tatendrang – klasse!

Dann kam das Schwergewicht der Veranstaltung ans Mikro – und walzte die Stimmung innerhalb von zwei Minuten platt. Der am höchsten dekorierte Manager des Abends, der Vorstand eines Konzerns, der für seine Online-Strategie das meiste Geld von allen Teilnehmern zur Verfügung hatte und über die meiste Manpower verfügte, sagte nur ein, zwei Sätze, und die Raumtemperatur sank innerhalb von Sekunden um gefühlte zehn Grad.

»Sehr geehrte Damen und Herren, auch wir müssen darauf reagieren, dass leider immer mehr Kunden die bewährten Vertriebswege meiden und online kaufen …«

Was folgte, war: Lamento, Gejammer, Sorgen, Zukunftsangst, Ratlosigkeit, Schuldzuweisung, Verlustangst … der Mann hatte das Talent, seine Sorgenfalten mit einem klagenden Tonfall zu verbinden und die Bedrohungsszenarien durch das Internet so auszumalen, dass daraus eine fulminante Trauerrede wurde.

Was für ein Wahnsinn! Sein ganzes Denken basierte auf einem zutiefst statischen Weltbild und einer Perspektive, aus der heraus jede Veränderung als Bedrohung wahrgenommen wird.

Dann kam das Schwergewicht der Veranstaltung ans Mikro – und walzte die Stimmung innerhalb von zwei Minuten platt.

Um möglichen Missverständnissen vorzubeugen: Die Tatsache, dass der Trauerredner für einen Konzern tätig war, ist irrelevant. Ob jemand Zukunftsgestalter oder Bewahrer ist, ist vollkommen unabhängig von der Größe der Organisation, der Branche oder der Nationalität.

Wenn aber jemand behauptet, über das einzige »richtige und gute« Wissen zu verfügen, wie man ein Unternehmen führt, dann dürfen Sie ihm getrost auf die Rüstung klopfen, denn mit der Lebensrealität im 21. Jahrhundert hat er nichts mehr zu tun.

Bruchstelle

Ja, Management alter Schule hat funktioniert. Aber diese Erfolge hatten einen hohen Preis: Menschen mit eigenen Ideen und einer eigenen Meinung mussten sich Normen und Regeln unterwerfen, wodurch extrem viel Individualität, Engagement, Kreativität, Initiative und Leidenschaft unterdrückt wurde. Die Unternehmensmaschine ermöglichte zwar einen disziplinierten Betrieb, schränkte aber die Flexibilität der Organisation stark ein. Sie erhöhte die Kaufkraft der Verbraucher weltweit um ein Vielfaches, versklavte jedoch gleichzeitig Millionen von Menschen in fast feudal hierarchischen Strukturen.

Anweisungsbefolger, Bürokraten und Firmensoldaten sind so ziemlich die letzten Menschen, die dem Unternehmen helfen, Antworten zu finden.

Keine Frage, diese Art von Management hat Unternehmen extrem effizient gemacht. Aber auf die fundamentalen Herausforderungen der heutigen Zeit liefern die altbewährten Grundsätze und Methoden nur unzureichende Antworten. Das können sie auch nicht, denn sie sind in einer anderen Zeit für eine andere Zeit entwickelt worden.

Und genau an dieser Sollbruchstelle stehen wir heute. In Anbetracht der riesigen Herausforderungen, denen wir uns stellen müssen, und in Anbetracht der schnellen und grundlegenden Änderungen, denen Märkte, Gesellschaft und Politik unterliegen, sind Anweisungsbefolger, Bürokraten und Firmen- oder Parteisoldaten so ziemlich die letzten Menschen, die dem Unternehmen oder der Politik dabei helfen, die entscheidenden Antworten auf die Frage nach der Wettbewerbsfähigkeit von morgen zu finden. Eine willfähige Masse ist nicht wirklich hilfreich, wenn nicht absolut klar ist, was als Nächstes zu tun ist.

James March ist Professor Emeritus of Management an der Stanford University, Kalifornien. Er macht eine interessante Unterscheidung, die wir in diesem Zusammenhang sehr hilfreich finden: Organisationen müssen die Überlebensfähigkeit ihres eigenen Geschäftes dadurch sichern, dass sie eine angemessene Balance von Exploration und Exploitation finden.

Exploration, das ist die Suche nach dem Neuen, nach Veränderung, nach Innovation. Diese Suche ist investiv und streut die Saat für die Zukunft. Exploitation hingegen ist der Rückgriff auf Bewährtes, auf die bekannten Ressourcen, Routinen und Verfahrensweisen, das Abrollen der Routine. Es ist die Ernte der in der Vergangenheit angebauten Früchte.

Das traditionelle Management, das auf hierarchische Arbeitsteilung, Standardisierung, Prozessoptimierung und Kontrolle baut, ist nichts Schlechtes oder Verdammenswürdiges. Es ist sehr gut geeignet für die Exploitation – also die Fähigkeit, bestehende Märkte optimal auszuschöpfen.

Aber um neue Quellen für zukünftiges Wachstum und Gewinne zu erschließen, ist das Prinzip des exploitativen traditionellen Managements vollkommen ungeeignet, denn da brauchen wir genau das andere Prinzip: eine explorative Unternehmensführung. Aber das erfordert kreatives Abweichen von Routinen, kluges Infragestellen altgedienter Standards und ein Denken und Handeln jenseits des Anweisungshandbuchs.

Und genau hier zeigt sich der ganze Wahnsinn: Ja, wir wissen, wir müssen das Gewicht mehr in Richtung Exploration verschieben, um auch morgen noch im Markt relevant zu sein. Und das funktioniert nur in einem Umfeld, das den Menschen ein hohes Maß an Selbstbestimmung und Freiraum bietet.

Gleichzeitig wird aber immer noch das Hohelied der Kontrolle gesungen und ein bestimmender, disziplinierender Managementstil propagiert, der vor allem aus dem Reglementieren, Hierarchisieren und dem Einschränken von Freiheit besteht. Manager werden bezahlt, um die Maschinerie zu leiten, zu kontrollieren, zu verwalten. Kontrolle, verbunden mit Präzision, Stetigkeit, Disziplin und Verlässlichkeit – das sind die kanonischen Werte des Managements.

Nicht, dass wir uns missverstehen: Kontrolle ist an sich nicht schlecht. Genauso sind aus unserer Sicht Präzision, Stetigkeit, Disziplin oder Verlässlichkeit ein Segen. Wer schon mal vergeblich stundenlang auf seinen Zug gewartet hat oder nach dreimaliger Benutzung feststellen musste, dass der neu erworbene Stabmixer nur noch ein Fall für den Mülleimer ist, weiß, wovon wir reden.

Obwohl diese Dinge also unzweifelhaft wichtig und von Vorteil sind, sind sie in den meisten Branchen heute lediglich noch der notwendige Einsatz, um im Markt überhaupt mitspielen zu dürfen. Sie sind die selbstverständlichen Voraussetzungen dafür, konkurrenzfähig zu sein – aber sie bilden keinen nachhaltigen Wettbewerbsvorteil mehr.

Und genau hier zeigt sich der ganze Wahnsinn!

Das Resultat: keine neuen Ideen. Mangelnde Innovationskraft. Kaum Motivation unter den Mitarbeitern. Fehlende Anziehungskraft auf junge Talente. Fehlende Flexibilität und Krisenfestigkeit. Schwindende Perspektiven auf dem Weltmarkt. Autoritätsverlust des Führungspersonals.

Neustart

Natürlich wissen Führungskräfte, dass sie kreative Leute brauchen. Sie verstehen auch, dass sie den Status quo hinterfragen müssen und Originalität und Ideenreichtum brauchen, um neue Problemlösungen zu entwickeln. Sie bekommen sehr wohl mit, was um sie herum und unter ihnen passiert. Sie spüren den Druck.

Die meisten von ihnen versuchen, die Herausforderung innerhalb des traditionellen Ansatzes der Unternehmensführung zu lösen. Vielleicht hier und dort noch ein kleines bisschen modernisiert durch einen partizipativen Führungsstil und einen entspannten Umgangston per Du – aber im Prinzip innerhalb der altbewährten Methoden der Unternehmensführung. Und genau das ist ein Widerspruch, der sich nicht mehr auflösen lässt. Der Leistungsanspruch an die Mitarbeiter erfordert echte Freiheit und echtes Vertrauen, denn nur wer Freiräume hat, kann kreativ, innovativ, risikobereit, experimentierfreudig und enthusiastisch sein. Und jemandem eine Aufgabe anzuvertrauen, an deren Lösung er selbständig, kreativ und engagiert arbeiten soll, setzt Vertrauen voraus. Vertrauen darauf, dass ganz einfach etwas Gutes passieren wird – ganz gleich, ob Sie das nun beeinflussen können oder nicht. Die gelebten Strukturen, Prozesse und Regeln in vielen Unternehmen unterdrücken genau das, was sie fordern. Zum Beispiel durch starre, ritualisierte Planungs-, Budgetierungs-, Stellenbesetzungs- oder Produktentwicklungs-Prozesse, die jede wirklich neue Idee ersticken. Oder durch unüberwindliche Hürden beim Zugang zu den notwendigen Ressourcen. Oder durch eine Unternehmenskultur, die Angst vor Fehlschlägen verbreitet. Oder dadurch, dass die Menschen ganz einfach derartig ins Tagesgeschäft eingespannt werden, dass sie überhaupt nicht mehr zum Denken kommen – und schon gar nicht zum Quer-, Vor- oder Weiterdenken. Oder ganz schlicht durch ein Zuviel an Hierarchien, die schnelle und flexible Antworten auf geänderte Umstände unmöglich machen.

Sie sind immer weniger bereit, sich wie unmündige Kinder disziplinieren zu lassen.

Hierarchien waren gut, um die Aktivitäten vieler Menschen mit unterschiedlichen Funktionen zu koordinieren. In einer Hierarchie macht man, wofür man bezahlt wird und was einem aufgetragen wird. Kreativität, Engagement und Mut können aber nicht von oben aufgetragen werden, sondern es sind Geschenke, die Menschen entweder freiwillig bei ihrer Arbeit einbringen – oder aber nicht. Menschen engagieren sich mit Leidenschaft und Kreativität, weil sie etwas bewirken wollen, weil sie es sinnvoll finden, weil es ihnen Freude macht – und nicht weil irgendeine mächtigere Instanz es von ihnen einfordert. Und Menschen lassen sich immer dann etwas sagen, wenn sie ihr Gegenüber für fähig halten. Was für sie zählt, ist die wahrgenommene Kompetenz und nicht der hierarchische Rang. Sie sind immer weniger bereit, sich wie unmündige Kinder disziplinieren zu lassen. Traditionelles Management verliert seine Wirkung.

Die Lösung liegt nicht darin, tradierte Managementprinzipien und -prozesse ein bisschen besser als gestern zu machen. Unternehmen kämpfen einen verlorenen Kampf, wenn sie das versuchen. Denn es sind Managementprinzipien, die IN einer anderen Zeit FÜR eine andere Zeit entwickelt worden sind. Wir können es gar nicht oft genug sagen.

Es geht also um die Neuerfindung des Managements. Oder besser noch: Um die Ablösung von Management durch etwas Neues. Die Herausforderung besteht darin, dass es noch keine Best-Practice-Lösungen für das Management der Zukunft gibt. Vielleicht wird es sogar nie mehr welche geben.

Darum müssen Unternehmen heute ganz neue Wege ausprobieren, Trampelpfade in die Zukunft schlagen, während die anderen noch der Landkarte von gestern folgen.

Überall blubbert Neues hoch, es köchelt, es ist hochspannend.

Diese Trampelpfade gibt es schon. Sogar erstaunlich viele. Es gibt eine neue Generation von Managementautoren, es gibt Zeitschriften und Magazine, Blogs und Websites, Konferenzen und Kongresse, die Führung völlig neu definieren.

Gary Hamel beispielsweise, einer der weltweit einflussreichsten Strategievordenker, vertritt in seinen Büchern die These, dass Management, so wie es heute immer noch in den meisten Unternehmen praktiziert wird, hoffnungslos veraltet ist: »Wir arbeiten mit den technologischen Prozessen des 21. Jahrhunderts, den Managementprozessen des 20. Jahrhunderts und den Führungsgrundsätzen des 19. Jahrhunderts.« Er fordert daher einen grundlegenden Paradigmenwechsel in der

Unternehmensführung. Hamel hat das Projekt Management Innovation eXchange (MIX) ins Leben gerufen, das den Weg zum »Management 2.0« vorantreiben soll. Ein herausragendes Beispiel für ein solch radikales Neudenken im Management ist laut Hamel das Unternehmen Morning Star. Die Firma aus dem kalifornischen Woodland ist einer der größten Tomatenverarbeiter der Welt. Vorgesetzte gibt es bei Morning Star nicht, stattdessen setzt man auf Selbstmanagement: Jeder Mitarbeiter handelt eigenverantwortlich, ob im Umgang mit Kunden, Lieferanten oder Kollegen. Die führungslose Selbstorganisation wirkt – das Unternehmen wirtschaftet erfolgreich.

Überall blubbert Neues hoch, es köchelt, es ist hochspannend. Es gibt Zeitschriften und Magazine, die einfach nur erfrischend sind, darunter in Deutschland beispielsweise die *brand eins,* für die Entrepreneurship keine Modedroge, sondern die Basis der Wirtschaft von morgen ist. Oder das neue Magazin *enorm.* Der Untertitel ist Programm: *Wirtschaft für den Menschen.*

Und es gibt fantastische Konferenzen wie die TED-Konferenzen, wo weltweit Menschen revolutionäre Ideen austauschen. Oder die Utopia-Konferenz in Berlin, oder die Karma-Konsum-Konferenz in Frankfurt. Oder der Kongress Work in Progress in Hamburg. Oder die Vision Summit in Berlin.

Es gibt jede Menge Vordenker, Vorbilder, Querdenker. Es hat sich eine Bewegung formiert. Eine informelle Bewegung, die in den letzten Jahren immer mehr Zulauf bekommt. Eine immer größer werdende Menge von intelligenten, talentierten und ambitionierten Leuten, die es einfach satthaben, so weiterzumachen wie bisher.

In seinem Buch *Serious Play* schreibt Michael Schrage einen Gedanken, über den es sich lohnt, intensiv nachzudenken: »Wer bereit ist, allein aus seinem Bauchgefühl heraus auf unbewiesene Ideen zu setzen und sie zu testen, wird sich regelmäßig seine Nase blutig schlagen. Aber schon dadurch, dass er sich entschlossen in die Schlacht wirft, erhöht er dramatisch die

Wahrscheinlichkeit, früher oder später zu den Wenigen zu gehören, die das Profil der Welt von morgen prägen.«

Die entscheidende Veränderung beginnt im Kopf. Es ist ein Perspektivenwechsel. Das alte Paradigma hat ausgedient. Wir stehen an der Schwelle zu einer völlig neuen Art zu arbeiten, zu wirtschaften, zu führen, zu leben.

Wenn aber nun die Antworten von gestern nicht mehr gültig sind, welche Antworten sind es dann?

Allein schon die Frage ist falsch!

Wir sind nicht auf der Suche nach neuen Antworten. Sondern erst mal auf der Suche nach den richtigen Fragen!

Kapitel 4

Leere Fragen

Der Rucksack sah schwer aus. Der Mann, der ihn trug, erschöpft. Er hatte einen hochroten Kopf, der Schweiß lief ihm in Bächen über das Gesicht und tropfte von Nase und Kinn. Auf seinem T-Shirt zeichneten sich große nasse Flecken ab, der Stoff klebte am Körper.

Auch für uns war das Klima in Kalkutta nicht leicht auszuhalten, zumal außer den hohen Temperaturen und der extremen Luftfeuchtigkeit hier im Gangesdelta vor allem unser Geruchssinn bis zum Anschlag beansprucht war. Kalkutta stinkt vor lauter Menschen. Das ist für uns als Bewohner des blitzsauberen Heidelberg eine Sinneswahrnehmung an der Grenze des Erträglichen. Wir machten die Erfahrung: Feuchte Hitze ist rein körperlich bedeutend leichter zu ertragen als feuchte stinkende Hitze.

Aber wir kamen augenscheinlich besser zurecht als dieser ebenfalls europäisch aussehende Rucksacktourist. Er sprach einen Einheimischen an: »Excuse me, is this the way to Howrah Station?«

Ok, er wollte zum Bahnhof. Howrah Station ist der größte und älteste Bahnhof in Indien. Ein Riesenkomplex. Aber definitiv nicht leicht zu finden.

Der angesprochene Inder lächelte freundlich und sagte: »Yes, yes!«

Der Rucksackträger bedankte sich erleichtert und stapfte weiter. Zehn Minuten später sahen wir ihn wieder, ein paar Straßen weiter. Er stand bei einem Straßenverkäufer und fragte auch diesen, ob er auf dem richtigen Weg zum Bahnhof sei. Ja, sicher, natürlich. Der Mann setzte seinen Weg fort …

Wir schauten uns an und überlegten, ob wir ihm hinterhereilen sollten, um ihm zu helfen. Aber irgendwie war es dazu viel zu heiß.

Eine Frage der Sichtweise

Wozu stellt man Fragen? Natürlich um eine Antwort zu bekommen. Nur: Welche Antwort? Und passt die Frage dazu?

Der Rucksacktourist in Kalkutta hatte genau die Antwort bekommen, die er gerne hören wollte. Nur nicht die, die er gebraucht hätte. Wo der Bahnhof wirklich war, erfuhr er nämlich nicht. Das war nicht die Schuld der Inder, die er fragte. Die waren einfach nur höflich und wollten ihn nicht enttäuschen. Eine Antwort, die irgendein »Nein« enthielt, war ausgeschlossen. Für einen Inder, ja für fast alle Asiaten ist es kulturell undenkbar, einem Menschen ins Gesicht zu sagen, dass er sich irrt oder auf dem falschen Weg ist oder dabei ist, einen Fehler zu machen oder eine falsche Entscheidung zu treffen. Das wäre eine viel zu direkte Art der Kritik und würde im lokalen Gesellschaftsspiel als grobes Foul geahndet werden.

Stellen Sie sich das so vor, als ob Ihnen Ihre Frau, Freundin, Tochter oder Bekannte nach einer einstündigen Badezimmer-Session vor dem abendlichen Ausgehen die Frage stellen würde: »Wie sehe ich aus?« – und Sie würden antworten: »Na ja, geht so!«

So in etwa hätte sich für einen Passanten in Kalkutta die Antwort »Nein, Sir, Sie sind nicht auf dem richtigen Weg, der richtige Weg führt dort drüben lang« angehört. Undenkbar, unsagbar. Und außerdem: Was ist schon richtig oder falsch? Auf dem Weg, den der Rucksacktourist eingeschlagen hatte, kann man ja durchaus auch zur Howrah Station gelangen, es dauert nur eine Stunde länger. Aber falsch ist es nicht …

»Excuse me, is this the way to Howrah Station?« Die Frage determiniert die Antwort. Oder anders gesagt: Die Art der Frage fokussiert den Blick des Fragenden auf einen bestimmten Ausschnitt der Welt. Das ist erst mal nichts Falsches. Falsch wird es erst dann, wenn der Fragende glaubt, das Gebiet, auf das er sich fokussiert, sei schon die ganze Welt. Und genau das macht er, wenn er glaubt, dass die Antwort auf seine Frage richtig oder falsch sei. Vielleicht war die Antwort in einem anderen Kontext richtig? Oder ganz anders gemeint? Oder mal richtig und mal falsch? Oder gestern richtig und morgen falsch?

Die Frage kann für sich genommen noch so gut und wichtig sein – wenn sie aber alleine bleibt und wenn andere, genauso wichtige oder gar noch wichtigere Fragen ungefragt bleiben, dann kann auch eine sehr gute Frage eine schlechte Frage werden. Allein gelassen bleibt sie leer, der Ausschnitt der Welt, den sie erforscht, bleibt zu eng und die Antworten sind deshalb eindimensional.

Das Problem ist nicht so sehr, dass in unserer Gesellschaft, im Bildungssystem, in der Wirtschaft oder in den Unternehmen die falschen Fragen gestellt würden. Nein, ganz im Gegenteil – die Fragen sind gut. Aber es sind Fragen, die in ihrem Kern im Industriezeitalter verankert sind. Genau genommen sind es fünf Fragen, die uns immer wieder begegnen. Fünf Fragen, die reflexartig und mit folgenschweren Nebenwirkungen immer wieder gestellt werden. Fünf Fragen, hinter denen eine Perspektive auf die Welt steht, die uns glauben macht, alles beurteilen zu können. Fünf Fragen, die scheinbar genügen, um die Situation abzuchecken, um die Lage zu beurteilen und Entscheidungen zu treffen. Nicht die Fragen, aber der Glaube, sie würden genügen, sind grundfalsch. Dieser Glaube ist fatal.

Was also sind diese fünf Fragen, die wir meinen? Die Fragen, die den Erfolg von gestern so entscheidend bestimmt haben?

Frage Nummer eins: Kannst du es messen?

»Miss es oder vergiss es!«, sagt der Meister zum Lehrling. »Was du nicht messen kannst, kannst du nicht lenken«, sagt Management-Guru Peter Drucker. »Was man messen kann, das existiert«, sagt Max Planck.

Also wird gemessen, was messbar ist, und das, was nicht messbar ist, wird messbar gemacht. Wir messen Produktivität, Kosten, Wachstum, Marktanteile, Innovationskraft, Kundenzufriedenheit, Fluktuation. Und aus den Messdaten lassen sich dann herrlich Kennzahlen auftürmen: Im Personalwesen beispielsweise werden Kennzahlen erdacht wie die Know-how-Träger-Quote, die Quote der Mitarbeiterentwicklungsvereinbarungen, die Anzahl der eingereichten Verbesserungsvorschläge je Mitarbeiter oder die Fluktuationsquote.

Man kann das alles bis zur letzten Kommastelle rechnen, man kann das wunderbar in der Software abbilden und tagesaktuell aufbereiten lassen. Nur: Was sagt es aus? Fluktuation? Dass die Mitarbeiter zufrieden sind? Unzufrieden sind? Dass die Mitarbeiter keine Alternativen haben? Dass die Klugen gehen und die Schwachköpfe bleiben? Oder umgekehrt? Dass die Mitarbeiter nicht mobil sind? Dass dem Unternehmen frisches Blut fehlt? Was soll man jetzt mit den Messdaten, Quoten, Kennzahlen anfangen? Sind sie Entscheidungsgrundlage? Sind sie entscheidungsrelevant? Welche Antwort haben wir damit NICHT bekommen? Welche Frage haben wir damit NICHT gestellt?

Natürlich gibt es Messbares im Unternehmen, das sehr wichtig ist. Aber andersherum gilt auch: Nicht alles Messbare ist wichtig. Oder, um es mit Albert Einstein zu sagen: »Nicht alles, was zählt, kann gezählt werden. Und nicht alles, was gezählt werden kann, zählt.«

Das Problem ist also nicht das Messen, sondern was alles gemessen wird. Wenn die Frage nach der Quantifizierung und Messbarkeit zum Goldenen Kalb wird, um das das ganze Unternehmen tanzt, dann ist das höchst problematisch. Denn Dinge, die in der Zukunft – die heute schon begonnen hat – zum entscheidenden Wettbewerbsvorteil werden, sind nur schwer oder gar nicht messbar!

Wie wollen Sie beispielsweise in einem Unternehmen messen, wie kreativ und originell die von einem Mitarbeiter gewählte Problemlösung ist? Durch ein innerbetriebliches Komitee? Durch eine Casting-Jury? Durch einen standardisierten Fragebogen? Durch einen Multiple-Choice-Test? Durch eine datenbasierte Analyse via Stochastik-Software?

Das große Problem für Unternehmen, die am liebsten mit dem Zahlen-Daten-Fakten-Blick sehen: Kreativität, Engagement und Leidenschaft lassen sich nur schwer oder gar nicht messen. Es sind aber genau die Dinge, die dazu beitragen, dass das Unternehmen auch in der Zukunft noch im Markt mitspielen kann.

Die hartnäckigsten Verfechter der Quantität flüchten sich dann in die Marktforschung. Laut Umfrage akzeptieren 82,4 Prozent der relevanten Zielgruppe die neue Verpackung. Das schützt! – Aber vor was schützt es? Nicht vor dem Flop am Markt, sondern davor, verantwortlich zu sein!

Das bedeutet nichts anderes, als Menschen wie Reiz-Reaktions-Maschinen zu behandeln.

Gefährlich ist auch die Überzeugung, dass man Menschen mit Zahlen motivieren kann. Da wird dann als Ziel eine prozentuale Quote aufgerufen: Produktivität. Oder Kunden pro Woche. Oder Umsatz pro Verkauf.

An diese Zielwerte werden dann Belohnungs- und Anreizsysteme gehängt, damit die zu erreichenden Zahlen in Fleisch und Blut übergehen und jede Minute des Arbeitslebens (und darüber hinaus) bestimmen. Das bedeutet nichts anderes, als Menschen wie Reiz-Reaktions-Maschinen zu behandeln. Man konditioniert sie, nur noch die Dinge zu machen, die messbar und planbar sind und belohnt werden können. Wer wird dann noch kreativ und innovativ sein? Originell und experimentierfreudig? Risikobereit und querdenkend?

Niemand kann ernsthaft bestreiten, dass Messen nicht hilfreich ist. Aber wichtig ist zu erkennen, dass das allgegenwärtige Messen und vor allem die hohe Priorität der Messergebnisse enormen Einfluss auf unser Denken und Handeln haben. In vielen Unternehmen scheinen nur noch Finanzleute geeignet als Unternehmensführer. Aber Vorsicht: Controller kommentieren nur und haben darum immer recht. Das Spiel machen, das müssen die anderen, die darum immer kritisierbar sind. Die Frage ist, wer die Aufstellung macht: der Bundestrainer oder die Bild-Zeitung? Wer trifft im Unternehmen die Entscheidungen: der Mensch oder die Zahl?

Wer sich nur noch auf die Zahlen verlässt, verliert das gute Auge. Die Menschen verlassen sich nicht mehr auf ihre eigene Entscheidungsfähigkeit und übernehmen keine Verantwortung mehr. Bei der Olympiade 2012 in London ist ein krasses Beispiel dafür passiert, was in Unternehmen Tag für Tag Normalität ist: und zwar beim Hammerwurf der Damen. Die deutsche Hammerwerferin Betty Heidler kämpfte um die Medaillenränge mit. In ihrem fünften Wurf haute sie einen richtig weiten Wurf raus. Der Hammer schlug vor 80 000 Zuschauern im Stadion und vor Millionen von Fernsehzuschauern knapp vor der Bestweite ein. Die Russin Tatjana Lysenko hatte zuvor 77,56 Meter geworfen. Und Betty Heidlers Wurf war nur wenige Zentimeter kürzer. Die Weite der in Führung liegenden Russin war mit einer gelben Linie gekennzeichnet, genauso wie die 75-Meter-Marke und die Weite von 80 Metern. Betty Heidlers Wurf war mindestens um die 77 Meter weit, das war klar. Jeder Mensch im Stadion, vor allem auch die Kampfrichter konnten aus jedem Blickwinkel zumindest sehen, dass der Wurf zwischen der 75-Meter-Line und der 80-Meter-Line heruntergekommen war. Aber auf der Anzeigetafel erschien eine andere Zahl: 72,34 Meter.

Das konnte definitiv nicht sein. Aber so ging der Wurf in die Wertung. Die deutsche Werferin protestierte sofort. Aber so leicht konnte sie nichts ändern, denn das System hatte schließlich gemessen. Was war nun richtig? Das Auge von Millionen von Menschen oder das moderne Lasermessgerät? Die Kampfrichter vertrauten auf den Computer und ließen den Wettkampf weitergehen.

Es war sehr sympathisch, wie sich die deutsche Werferin verhielt. Sie blieb freundlich gegenüber den irritierten Wettkampfrichtern, die sehr wohl wussten, dass etwas nicht stimmte. Sportler mit anderem Temperament hätten sich wahrscheinlich im Sitzstreik in den Abwurfring gesetzt und den ganzen Betrieb aufgehalten, bis sie zu ihrem Recht gekommen wären. Aber natürlich beeinflusste das falsche Messergebnis den ganzen Wettkampf: Bei der Chinesin, die nun auf einem Medaillen-Rang lag, war die Luft raus und die Konzentration weg, sie lieferte noch einen sechsten, ungültigen Versuch ab. Und auch Betty Heidler gelang im sechsten Wurf nichts mehr.

Es dauerte noch eine geschlagene Stunde, der Wettkampf war längst vorbei, die Athletinnen waren in der Umkleidekabine – bis auf Betty Heidler, die noch immer im Innenraum ausharrte und hoffte und bangte und immer noch gefasst und freundlich blieb. Irgendwann kam die Erlösung nach einer Nachmessung. Es war ein Fehler im System gewesen. Die richtige Weite betrug: 77,13 Meter! Bronzemedaille! Betty Heidler jubelte nachträglich … Und die Chinesen, die sich um eine Medaille betrogen sahen, legten Protest ein.

Betty Heidlers Wurf war mindestens um die 77 Meter weit. Aber auf der Anzeigetafel erschien eine andere Zahl: 72,34 Meter.

Wieso dauerte es eine Stunde? Wieso lief der Wettkampf trotz eines unguten Gefühls aller Beteiligten weiter? Weil »ungute Gefühle«, Erfahrungswissen und Augenschein komplett diskreditiert werden. Intuition und über Jahrzehnte angesammelte Marktkenntnisse zählen nichts, wenn sie objektiv erscheinenden Zahlen, Daten, Diagrammen und Tabellen gegenüberstehen.

Aber unser Autorenkollege Reinhard Sprenger hat einen guten Punkt: Zahlen sind nicht objektiv! Das können sie auch gar nicht sein, »denn Zahlen sprechen nicht zu uns, sie müssen von uns interpretiert werden«. Nicht die Zahlen sprechen zu uns, sondern wir zu den Zahlen.

Die Verkaufszahlen des Produkts liegen bei 107 Prozent der Planung. Gut. Und jetzt? Ist das gut? Oder schlecht? Sollen wir jetzt einen Champagner aufmachen? Oder die Vertriebsmannschaft wegen eklatanter Erfolglosigkeit in die Wüste schicken, weil der Markt gleichzeitig um 20 Prozent gewachsen ist? Oder sollen wir die Planer zur Rede stellen, die eine falsche Zielmarke vorgegeben hatten? Oder ist das Ergebnis sensationell, weil die Kaufkraft des Zielpublikums im gleichen Zeitraum um 5 Prozent gesunken ist? Was jetzt?

Die Problematik des Messens lässt sich nicht am Messen selbst erklären, sondern erst an den Formen des Umgangs mit dem Gemessenen. Die Praxis des Messens in den Unternehmen geht von der Neutralität von Zahlen aus. Und das ist Unfug.

Auch in der Bildung, auch in der Betrachtung der Volkswirtschaft durch die Politik – überall wird gefragt: Wie können wir es messen? Aber wie lässt es sich messen, ob ein Schüler seine Aufgabe mit echtem Interesse löst? Wie machen wir Lernerfolg messbar? Mit standardisierten Tests? Verraten die uns tatsächlich etwas über die Bildung eines Menschen oder einfach nur darüber, ob er sich intensiv auf eben jenen Test vorbereitet hat?

Natürlich steckt hinter der Idee, Bildung zu messen, eine gute und auch sinnvolle Absicht. Aber letztendlich geht es darum, Menschen in ihrer Entwicklung zu fördern und auf eine Zukunft in einer Welt vorzubereiten, die wir heute selbst noch nicht kennen. Der Beitrag und die Aussagekraft von Messergebnissen zu diesem Ziel sind in Wahrheit nur sehr begrenzt.

Wenn die Frage nach der Messbarkeit die Bildungspolitik dominiert, dann heißt das doch, dass alle anderen Dinge, die eben nicht gut messbar sind und sich nicht in Zahlen, Balkendiagrammen und Trendkurven abbilden lassen, damit unter den Tisch fallen. Auch wenn sie vielleicht von überragender Bedeutung sind. Beispielsweise die berechtigte Frage, wie fit Deutschlands Schulen für die Zukunft sind. Wie wollen Sie das denn messen?

Wem es nur darum geht, dass er viel misst, der misst viel Mist.

Frage Nummer zwei: Was kostet es?

Jede Wette: Wenn in Ihrer Firma bei einem neuen Projekt eine der ersten Fragen lautet »Was kostet es?«, dann gewinnen die Kosten den ersten Platz in der Bewertungsskala. Sie dominieren dann alles Weitere.

Natürlich ist es wichtig zu wissen, was etwas kostet – aber wenn das die erste Frage ist, die sofort reflexartig kommt, dann schränkt sie den Lösungstrichter, der in die Zukunft ragt, sofort auf einen kleinen Ausschnitt ein. Denn viele mögliche Lösungen werden dann automatisch ausgeschlossen, die Entscheidung ist mit dem bloßen Aufrufen des Wortes »Kosten« schon gefallen. Entweder weil diese anderen Lösungen zu teuer erscheinen oder weil man ihren Preis nicht so einfach bestimmen kann.

Die Frage impliziert, dass wir mit einem hohen Preis ein Problem haben. Sie spiegelt zudem die Überzeugung, dass man alles noch günstiger haben kann. Dass wir unsere Ziele auch mit minimalem Aufwand erreichen können. Dass wir lebenswerte Organisationen zum Sonderangebotspreis schaffen können. Dass wir Toptalente auch günstig für uns gewinnen und bei uns halten können. Dass wir Innovation, Engagement, Kreativität und Leidenschaft auch irgendwie zum Discountpreis bekommen können. – Aber stimmt das wirklich? Ist billig die beste Lösung?

Die Tatsache, dass wir immer von allem den Preis wissen, aber von nichts den Wert kennen, birgt ein dickes Problem. Denn so würgt man genau das ab, was man am dringendsten bräuchte.

»Wer zu spät an die Kosten denkt, ruiniert sein Unternehmen. Wer immer zu früh an die Kosten denkt, tötet Kreativität«, sagte der deutsche Porzellanfabrikant und Design-Professor Philip Rosenthal.

Bei der Frage der Kosten beschreiten wir einen schmalen Grat. Natürlich müssen wir die Kosten kennen und sie auch managen. Aber in einem Umfeld, in dem immer zuerst die Frage nach den Kosten gestellt wird, bekommen die Sichtweisen des Controllers eine überdimensionale Bedeutung. Klar, der Controller sollte mit am Tisch sitzen. Aber er darf die Diskussion nicht dominieren!

Ist billig die beste Lösung?

Denn wer zu sehr auf die Kosten schaut, wird zu einem passiven Verwalter des Status quo und verabschiedet sich von der Zukunft. Die Zukunft zu gestalten erfordert nämlich immer eine Investition in Form von Ideen, Zeit oder Geld. Den Status quo zu verwalten bedeutet hingegen, dass ich die Kosten zurückfahren kann – in der Hoffnung, dass der Kunde und die Mitarbeiter es nicht merken.

Auf der privaten Ebene sorgt dieser Kostenblick noch für ganz andere, schwindelerregende Probleme: Bei Menschen, die immer zuerst die Frage nach dem Preis stellen, wird die Schnäppchenjagd zum Sinnsurrogat. Das Ergebnis ist die furchtbare Geiz-ist-geil-Mentalität, von der vor allem die deutschen Konsumenten infiziert sind. Nirgendwo auf der Welt sind beispielsweise Lebensmittel so billig wie in Deutschland. Der Lebensmitteleinzelhandel funktioniert rein über den Preis. Und viel, viel zu wenig über die Qualität. Der Marktanteil der Discounter am 150 Milliarden Euro schweren deutschen Lebensmitteleinzelhandel beträgt über 40 Prozent und ist damit so hoch wie nirgendwo auf der Welt.

Wir kaufen, was billig ist. Gleichzeitig werfen wir in Deutschland jedes Jahr 20 Millionen Tonnen Lebensmittel weg. Wenn der Preis zu niedrig ist, ist nichts mehr etwas wert.

Die Frage nach den Kosten hat auch weitergehende gesellschaftliche Auswirkungen. Wenn Unternehmen, die in Deutschland ihr Geschäft machen, in die Schweiz ziehen, um Steuern zu sparen, bleibt weniger Geld in der heimischen Kommune, weniger Geld für Schulen, Universitäten, Kindergärten, Theater und Bibliotheken. Kosten und Nutzen sind miteinander verbunden: Wer zu sehr an den Kosten schnippelt und schneidet, der schnippelt und schneidet auch am Nutzen – bis keiner mehr da ist.

Hinter der schnellen Frage nach den Kosten steckt natürlich der Wunsch nach und die Sorge um den Profit. Ja, profitabel zu sein ist für ein Unternehmen wichtig. Auch eine Gesellschaft muss wirtschaftlich funktionieren, sonst verarmt sie. Auf Dauer müssen die Einnahmen die Ausgaben übertreffen, sonst gehen früher oder später die Lichter aus. Geschenkt.

Aber um es ganz klar zu sagen: Gewinne zu erwirtschaften ist nicht der Zweck eines Unternehmens! Egal, was in den Lehrbüchern steht: Gewinnerzielung ist kein Unternehmenszweck. Noch nie wurde ein Unternehmen von dauerhaftem Bestand gegründet, um primär Gewinn zu erzielen. Gewinn ist immer nur eine Bedingung der Existenz eines Unternehmens, nicht seine Bestimmung. Denn das wäre sonst genauso sinnlos wie der Satz: »Der Mensch lebt, um zu atmen.«

Darum ist die Frage nach den Kosten zwar eine gute Frage, eine wichtige, unverzichtbare Frage. Aber sie darf nicht zur alles dominierenden Frage werden, sie darf die Entscheidungsfreiheit nicht einschränken. In vielen Fällen ist ein kostspieliger Weg nämlich langfristig der günstigere – fatal, wenn man ihn nicht sehen kann, weil man auf diesem Auge blind ist.

Frage Nummer drei: Wie lange dauert es?

Diese Frage und die vorherige Frage nach den Kosten sind eng miteinander verknüpft. Anstatt nach der billigen Belohnung wird hier nach der schnellen Belohnung gesucht.

»Zeit ist Geld«, »Die Schnellen fressen die Langsamen«, diese Sprüche sind Zeitgeist. Wir leben in einer Gesellschaft, in der Geschwindigkeit als Fortschritt gilt. Dalli, dalli. Machen wir es kurz. Instant-dies und Instant-das. Express-Lieferung. Just-in-time. Sofort-Service. Schnell mal eben noch. Machen Sie doch mal rasch, bitte. Nur ganz kurz. Hast du einen Moment? Kürzen wir das ab. Lieber schnell was machen, ein Ergebnis vorzeigen können, vielleicht schon morgen, aber spätestens nächste Woche. Aber nicht erst in einem halben Jahr oder im nächsten Jahr.

Wir lieben, worunter wir leiden – Eile ist ein Statussymbol. Menschen, die nicht in Eile sind, sind entweder arbeitslos oder unproduktiv oder unbrauchbar. Sie sind nicht agil, nicht alert, nicht aufgestellt, wie man in der Schweiz sagt. Wir messen ihrer Meinung darum unbewusst geringere Bedeutung zu. Wir fragen gar nicht mehr, ob das, was sie zu sagen haben, oder das, was sie machen, vielleicht herausragend gut ist, klug oder vorausschauend, kreativ, originell oder einfach nur schlau. Wenn es nicht schnell geht, kann es nichts Gutes sein … aber das ist ein fataler Irrtum.

Wir lieben, worunter wir leiden – Eile ist ein Statussymbol.

Der Primat der schnellen Lösung bevorzugt im Unternehmen das Dringende gegenüber dem Wichtigen. Alles, was länger dauert, gerät im hektischen Tagesgeschäft in den Hintergrund – und dauert dadurch noch länger. Dabei handelt es sich aber möglicherweise um wirklich wichtige, zukunftsweisende Dinge.

Diese viel zu dominante Frage nach der Zeitdauer und dem Tempo ist das Symptom für eine Haltung, die unbewusst Aktionismus und Kurzfristdenke fördert – eine Form von Wirkungslosigkeit.

Und noch ein anderer Aspekt spielt bei dieser Frage eine immer größere Bedeutung: Wer keine Zeit hat, komprimiert die Arbeitsabläufe und parallelisiert sie. Neudeutsch heißt das: Multitasking. Telefonieren, mailen, nachdenken, schreiben, zuhören und das alles gleichzeitig. Und dort, wo ab und zu auch mal Ruhe und Konzentration herrschen sollten, in den Büros der Wissenarbeiter, geht es zu wie im Bienenkorb. Telefon, Konferenzen, Zwischenrufe, »Ich wollt dich mal eben noch was fragen« …

Dabei ist es wissenschaftlich längst bewiesen, dass so etwas wie Multitasking in Wahrheit gar nicht funktioniert. Menschen, die so erscheinen, als würden sie mehrere Dinge gleichzeitig tun, können ihre Aufmerksamkeit auch nur zwischen den einzelnen Tätigkeiten hin- und herwechseln. Sie können das vielleicht besonders schnell und in sehr kurzen Abständen, weil sie darin geübt sind, aber es ist einfach nur eine schlechte Angewohnheit: Ein Telefonat, das neben dem Verfassen einer E-Mail und dem Bestellen der Mittagspizza her geführt wird, hat definitiv nicht die gleiche Qualität wie dasselbe Telefonat ohne Ablenkung und Paralleltätigkeiten. Wer im scheinbaren Multitasking-Modus arbeitet, der macht viel, aber nichts so richtig. Und deswegen ist er unterm Strich sogar weniger effektiv als jemand, der eins nach dem anderen abarbeitet, dafür aber mit voller Konzentration. Und nebenbei: Der Versuch des Multitaskings erschöpft Menschen geistig und seelisch. Es hinterlässt die große Leere.

Oberflächlicher Aktionismus tut so, als sei er bereits eine Tugend. Das Motto unserer Zeit: Mach schnell, gib Gas. Mach alles, aber nichts ganz. Rase auf der Oberfläche dahin. In so manchem Unternehmen wird der Wellenritt dem Tauchgang vorgezogen, aber so bekommt man von der großen, reichen Welt unterhalb der Oberfläche eben auch nichts mit.

Der permanente »Quick-Fix« ist gleichbedeutend mit dem Verzicht auf Innovation, Nachhaltigkeit, Zukunft. Und er bringt auch den Verzicht auf Schönheit, Freude und Glück mit sich, denn das alles entsteht nur in langwieriger Kleinarbeit, tiefem Nachdenken und aus der Konzentration heraus.

Eine Werbeagentur wollte ihren Kunden einmal klarmachen, dass Kreativität kein Quick-Fix ist. Sie produzierte ein geniales Video, das im Internet leicht auffindbar ist unter »Café Communications – Deadlines«.

Darin wird gezeigt, wie ungefähr zehnjährigen Kindern in einer Schulklasse eine Aufgabe gegeben wird: Sie sollen auf einem Blatt Papier eine Zeichnung vollenden, die nur rudimentär mit sieben Elementen vorgezeichnet ist: fünf Punkte, nämlich oben einer, unten einer, links und rechts einer sowie einer in der Mitte. Dann ein langer Strich vom mittleren Punkt aus nach oben bis fast zum oberen Punkt. Und ein etwas kürzerer Strich vom mittleren Punkt aus nach rechts bis ungefähr zur Hälfte der Strecke zwischen mittlerem und rechtem Punkt. Die erste Assoziation ist: Eine Uhr, die auf drei Uhr steht.

Die Zeitvorgabe: 10 Sekunden! – Die Ergebnisse sahen alle in etwa gleich aus: Die Zifferblätter der Uhr wurden umrandet, ein wenig geschmückt, die Zahlen wurden ergänzt, einer machte eine Armbanduhr daraus, ein anderer einen Wecker. Aber sowohl von der Grundidee als auch von den gestalterischen Elementen waren die Uhren ziemlich ähnlich. Eine kreative Wüste. Als wäre die Vorgabe gewesen: Zeichnet eine Standarduhr.

Dann gab es einen zweiten Durchgang, und darin bekamen die Kinder 60-mal mehr Zeit, nämlich zehn Minuten.

Was dann folgte, war eine wahre Kreativitätsexplosion. Atemberaubend! Die Wüste begann zu blühen. Welche Kreativität, wie viel Talent in den Kindern steckt! Lauter Künstler, es ist eine wahre Freude, das zu sehen: Aus den Uhren wurden plötzlich Drachen, Löwen, Katzen, Tapetenmuster, Bomben, Sonnenblumen, Comic-Figuren, Obstteller, Schmetterlinge, Vögel ... Großartig quergedacht, überragend interpretiert.

**Atemberaubend!
Die Wüste begann zu blühen.**

Das Ergebnis dieses Versuchs ist für alle einleuchtend, die es sich ansehen: Kreativität wird NICHT gefördert durch Zeitdruck. Sondern durch Freiraum und Zeit!

Wir glauben darum, dass das in der oft gestellten Frage nach der Dauer implizierte Primat des Kurzfristigen die Sicht auf die Welt stark einschränkt. Ein großer Teil der Möglichkeiten – und leider ausgerechnet der qualitativ hochwertige Teil – wird dadurch ausgeblendet. Wie lange ein Vorgang dauert, ist immer interessant. Es ist notwendig, diese Information zu besitzen. Aber schnell ist oft nicht gut genug. Darum darf die Frage nach der Dauer keine Optionen ausschließen. Wenn sie aber nicht mehr dazu dient, Optionen auszuschließen, wird sie künftig nicht mehr diese hohe Priorität haben wie bisher.

Frage Nummer vier: Wie lautet die Best Practice?

Wie macht »man« das? Wie wird es üblicherweise gemacht? Wie machen es alle anderen? – Die Frage nach der Best Practice hat ihre Berechtigung und ihren Wert. Dahinter steckt ja einfach nur der Wunsch, es »richtig« zu machen. Die Frage wird aber dann geradezu gefährlich, wenn sich darin die unausgesprochene Überzeugung verbirgt: Wenn es schon woanders nicht funktioniert hat, dann sollten wir es gar nicht erst probieren. Oder andersherum: Wenn es woanders funktioniert hat, dann machen wir das auch.

Was uns allen klar werden muss: Wenn wir die Zukunft gestalten wollen, gibt es keine Best Practice. Eine Blaupause für den Erfolg von morgen kann es prinzipiell nicht geben. Niemand kann uns sagen, wie »man« das macht, wenn es um Innovationen geht. Niemand kann uns sagen, wie »man« das macht, wenn es um die Zukunft geht. Es bleibt uns nur eine einzige Möglichkeit: Wir müssen experimentieren und dabei so kreativ wie möglich sein.

Selbst wenn es »nur« um die Gegenwart geht, wenn Antworten für das Hier und Jetzt, für das Tagesgeschäft gesucht werden, bieten die bewährten Lösungen keine Erfolgsgarantie mehr. Zu schnell ändern sich heute alle Rahmenbedingungen.

Hinzu kommt: Oft gibt es nicht nur die eine richtige Variante, sondern viele verschiedene Möglichkeiten, die alle funktionieren: Muss ich als Unternehmen global oder lokal agieren oder vielleicht beides? Muss ich Kunden in den Innovationsprozess einbinden oder eben gerade nicht oder vielleicht beides? Muss ich als Führungskraft vertrauen oder kontrollieren oder vielleicht beides? – Das ursprünglich glasklare Entweder-oder wird in immer mehr Feldern der Wirtschaft von einem integralen Sowohl-als-auch abgelöst.

Sind wir ein Computerhersteller? Oder ein Softwarehersteller? Oder ein Softwarehändler? Oder ein Filmverleiher? Oder ein Mobiltelefonhersteller? Oder ein Unterhaltungselektronik-Hersteller? Oder ein Lifestyle-Anbieter? Oder ein Musikhändler? – Apple ist alles auf einmal – obwohl das Unternehmen sehr fokussiert ist und in Relation zu seiner Größe nur sehr wenige Produkte und Produktvarianten anbietet. Aber genau auf der Annahme des Entweder-oder basiert das gedankliche Konstrukt der Best Practice. Gesucht wird die eine richtige Lösung für eine Sachfrage, um alle anderen falschen Lösungen auszuschließen.

Dementsprechend neigen die Menschen, die diese Frage so gerne stellen, zur Festlegung und zu Vorschriften: Das Management definiert ein System, wie die gesamte Arbeit eines Unternehmens organisiert wird. Dieses System findet seinen Niederschlag in Tabellen, verbindlichen Projektplänen, Stundenplänen, Finanzbudgets, Abgabefristen, Deadlines, Rollen, Zuständigkeitsbeschreibungen, Pflichtenheften, Zielvereinbarungen, Methoden, Verwaltungsvorgängen, festgelegten Entscheidungswegen, Genehmigungsverfahren, Entscheidungsberechtigungen, Kompetenzbereichen, Richtlinien und Kontrollverfahren.

Warum? Weil man das so macht! Es ist die Best Practice. Jedes Detail ist ausgearbeitet, und alles ist absolut korrekt! Wer von der heiligen Ordnung abweicht, wird als Feind des Systems gebrandmarkt und muss mit Sanktionen rechnen. Eigenmächtiges Handeln wird von den Wächtern des Systems gefürchtet, denn es würde einen Kontrollverlust bedeuten.

Niemand kann uns sagen, wie »man« das macht, wenn es um Innovationen geht.

Diese Systeme haben eine klare Zielsetzung: Sie sollen einfach nur funktionieren. Und das tun sie auch. Innerhalb des Systems arbeitet alles nach Plan. Aber auf diese Weise kann man nur IM System arbeiten, nicht AM System. Wenn nichts in Frage gestellt werden kann, weil es per Definition »richtig« ist, kann auch nichts ausprobiert werden. Das Veralten ist in einem solchen statischen, selbsterhaltenden System bereits eingebaut.

Durch die feinen, ungeheuer vielen und bis ins Detail gehenden Verstrebungen von Best Practices, Bestimmungen, Regeln und Konventionen ist ein großes und komplexes Geflecht entstanden, das de facto nicht mehr wandlungsfähig und agil ist.

Noch eine andere fatale Nebenwirkung bringt die Best-Practice-Denke mit sich: Es ist der sichere Weg, stets zweiter Sieger zu sein.

Ein augenöffnendes Beispiel für diese Logik ist die Schnellrestaurant-Kette Burger King, die sich auf der Suche nach der Gelinggarantie mit eingebauter Zeitersparnis dafür entschied, die McDonald's-Strategie zu kopieren. Frei nach dem Motto: Wenn wir die Konzepte, die die anderen entwickelt haben, als Best Practice betrachten, dann haben wir zwei Riesenvorteile: Wir haben keine Entwicklungskosten und wir sind sicher, dass es funktioniert, denn der Beweis liegt ja schon vor. Also schlagen wir den Pfad von McDonald's ein und imitieren das McCafe-Konzept:

»Wir planen, deutschlandweit pro Jahr 100 Standorte zu modernisieren, und bei 90 Prozent der Fälle integrieren wir eine Kaffeebar«, sagt Andreas Bork, Deutschland-Chef von Burger King, in einem Interview mit der *Wirtschaftswoche.*

Klingt das nach einem Aufbruch zu neuen Ufern? Nach Innovationsstärke? Na ja. Für uns klingt das eher nach einer mutlosen, uninspirierten Nachahmer-Strategie.

Wird die Kette damit scheitern? Unwahrscheinlich. Dafür hat die Café-Kultur zu sehr Konjunktur. Werden sie erfolgreich sein? Vielleicht. Aber wahrscheinlich nicht so erfolgreich wie McDonald's. Das ist auch eine Frage der Übereinstimmung mit der Marke: Bei McDonald's passt die kuchenbestückte Kaffeetafel bestens zur McDonald's-typischen Inszenierung des Ortes, an dem wir wieder Kind sein dürfen. Die Metapher von Burger King, die in Deutschland ohnehin lahmt, ist der Barbecue-Grill.

Dazu passen Kaffee und Kuchen emotional ungefähr so gut wie Essig zu Milch.

Das Problem einer kraftlosen Me-too-Strategie ist aber noch grundsätzlicher: Reproduktionen sind NIE so wertvoll wie Originale! Ob in der Wirtschaft, in der Kunst oder in der individuellen Lebensgestaltung: Menschen können nichts Besonderes schaffen, indem sie die Besonderheiten anderer kopieren.

Wer den Stil von Picasso nachahmt, wird sicher ein paar Abnehmer finden – aber nie eine eigene Handschrift entwickeln. Wer Pferde liebt, Stille genießen kann und zu Sonnenbrand neigt, aber trotzdem jeden Sommer die immergleiche Pauschalreise nach Mallorca bucht, wird in 99 Prozent der Fälle traumhaftes Wetter erwischen und im Restaurant sogar auf Deutsch bedient werden – aber nie erfahren können, wie schön Reiterferien auf Island sind.

Wer brav studiert und anschließend willig seinen Arbeitsplatz besitzt, zur rechten Zeit den richtigen Bausparvertrag abschließt, mit Mitte dreißig die Schulfreundin heiratet, zügig 1,3 Kinder bekommt, Samstagvormittag den Opel wäscht und föhnt und nachmittags bei den Schwiegereltern gute Miene zum schlechten Kaffee macht, wer diesen geradezu vorbildlichen Lebensweg wählt, der wird ganz sicher für Furore sorgen: bei den Schwiegereltern, beim Bankberater, bei den Nachbarn. Denn wer so lebt, erfüllt alle Erwartungen seiner Mitmenschen. – Aber was ist mit den eigenen Erwartungen an ein glückliches, erfülltes Leben? Natürlich kann man das so machen, sowohl im Geschäftsleben als auch privat. Aber das Hinterherlaufen hat einen hohen Preis: Man gewinnt nie, man gestaltet nie, man bleibt immer zurück.

Wer mit Mitte dreißig die Schulfreundin heiratet, zügig 1,3 Kinder bekommt, Samstagvormittag den Opel wäscht und föhnt und nachmittags bei den Schwiegereltern gute Miene zum schlechten Kaffee macht …

Frage Nummer fünf: Was erwarten sie von mir?

Der kanadische Management-Professor Henry Mintzberg hat für sein Buch *Managing* 29 Manager besucht und je einen Tag lang begleitet. Sein Fazit:

»Ich erlebte einen Arbeitsalltag voller Hektik und Druck. Vor allem wird die ganze Zeit reagiert. Ständig mussten die Manager Sachen erledigen, die auf sie zukamen. Und wenn sie selbst etwas bestimmen wollten, konnten sie höchstens das, was sie sowieso erledigen mussten, nach ihren Prioritäten ordnen.«

Er maß nach: Die meisten Handlungen eines Vorstands dauern nicht länger als neun Minuten. Management besteht vor allem aus Unterbrechungen …

Menschen, die immer im Reaktionsmodus laufen, die nicht agieren, sondern sich vor allem damit beschäftigen, wie sie bestmöglich auf etwas reagieren können, werden zu Fremdbestimmten, die nicht mehr selbst festlegen, was wichtig oder unwichtig ist.

Aber nicht nur der Mensch, auch das Unternehmen hat mit dieser Preisgabe der Autonomie ein dickes Problem, das sich künftig noch deutlich verschärfen wird: In dem Moment, in dem die Frage »Was erwarten sie von mir?« in einem Unternehmen überdominant wird, wird nichts wirklich Neues entstehen.

Mitarbeiter, die reflexartig die von außen an sie herangetragenen Erwartungen umsetzen, sind wie eine Truppe von Soldaten. Wer jedoch ein Unternehmen will, das neue Dinge vorantreibt und ungewöhnliche Lösungen entwickelt, muss eben auch hier und da bewusst gegen die Erwartungen von außen verstoßen. Ja, manchmal auch völlig konträr agieren zu dem, was die Kunden wollen.

»Wenn ich meine Kunden nach ihren Wünschen gefragt hätte, wäre ihre Antwort ›schnellere Pferde‹ gewesen«, sagte Henry Ford. Ihm waren die Kundenwünsche nicht generell egal. Aber in einigen zentralen Entscheidungen hat er gemacht, was er selbst für richtig hielt, obwohl seine Kunden ganz andere Vorstellungen hatten. Legendär beispielsweise seine Entscheidung, sein Erfolgsmodell »T« in allen Farben auszuliefern, vorausgesetzt, die Farbe ist Schwarz … Kundenorientiert ist das nicht, aber die Farbe »Japan Schwarz« trocknete eben am schnellsten. Kombiniert mit der revolutionären Fließbandproduktion, konnte Ford den Verkaufspreis seines Autos mehr als halbieren auf 370 US-Dollar, was heute kaufkraftbereinigt etwa 9000 US-Dollar entspricht. Seit 1908 gebaut, war es das meistverkaufte Auto der Welt und wurde erst 1972 vom VW Käfer abgelöst.

Innovatoren verstoßen gegen Erwartungen, weil sie eben auch Dinge tun und vorantreiben, die die anderen nicht von ihnen erwarten.

Was nicht bedeutet, dass es uns vollkommen egal sein sollte, was die anderen von uns erwarten. Wenn ich ins Büro komme, wird ganz einfach von mir erwartet, dass ich meine Füße, die in Straßenschuhen stecken, nicht auf dem Schreibtischstuhl meines Kollegen ablege. Wenn ich mit Menschen zusammenarbeite, wird von mir erwartet, dass ich deren Wünsche respektiere. Ein Unternehmen, das die Bedürfnisse der Kunden oder die Gepflogenheiten der Branche generell mit Missachtung straft, wird diese Einstellung nicht lange durchhalten.

Ohne diese Frage wären wir Egomanen, denen es vollkommen egal ist, was die anderen von ihnen denken, und dann würden weder unsere Gesellschaft noch unsere Unternehmen funktionieren.

Sie darf nur nicht zum vorherrschenden oder gar alleinigen Kriterium werden. Denn wenn wir mit zusammengeschlagenen Hacken den Erwartungen unseres Umfelds zu entsprechen versuchen, gehen wir damit einen Deal ein. Wir erwarten etwas für unser Wohlverhalten. Kinder sind in der Woche brav, damit sie am Wochenende in den Freizeitpark dürfen. Journalisten entsprechen den Erwartungen ihrer Leser, weil sie sich Sympathie und Anerkennung und eine gesicherte Auflage erhoffen. Unternehmen entsprechen den Erwartungen ihrer Kunden, weil sie sich Umsatz erhoffen. Chefs lassen 360-Grad-Feedbacks über sich ergehen, klopfen Mitarbeitern auf die Schulter und loben sie, weil sie auf Engagement und Loyalität hoffen. Mitarbeiter entsprechen den Erwartungen ihrer Chefs, weil sie an ein Gegengeschäft glauben: Ich strenge mich an und leiste gute Arbeit, und im Gegenzug setzt du dich für mich und meine Interessen ein. Wir glauben, das sei der beste und sicherste Weg, um das zu bekommen was wir wollen und brauchen. Unser Leben wird zu einem Deal. Ich denke und handle immer erwartungskonform und dafür erhalte ich die Zustimmung, Unterstützung und Sympathien des Chefs.

Aber dieser Deal enthält einen unausgesprochenen Vertragszusatz: Die eigenen Erwartungen an mein Leben nehmen den Platz in den hinteren Reihen ein. Es bedeutet also nichts anderes, als dass wir die Herrschaft über unser Leben verlieren. Wir lassen andere unser Leben steuern. Und damit vergeben wir die Chance, zu sein, wer wir wirklich sind – und zu werden, wozu wir fähig sind.

Kein Happy End

In unserer Gesellschaft, im Bildungssystem, in Wirtschaft und Unternehmen werden immer wieder diese fünf Fragen gestellt. Fragen, die in ihrem Kern im Denken des Industriezeitalters verankert sind: Wie können wir es messen? Was kostet es? Wie lange dauert es? Wie lautet die Best Practice? Was erwarten sie von mir? – Weil diese Fragen einer bestimmten inneren Haltung entsprechen, werden sie reflexartig gestellt und in den Mittelpunkt des Denkens gerückt.

Diese fünf Fragen sind richtig. Sie sind wichtig. Und trotzdem sind sie schlecht.

Diese innere Haltung, diese Weltsicht ist eine zu simple, zu vieles ausblendende, rein rationale Weltsicht. Sie glaubt an kausale Zusammenhänge, an einfach Ursache-Wirkungsmuster, an eine lineare Abfolge der Dinge, an die Quantifizierbarkeit von allem, was wesentlich ist, und sie zieht die Reaktion der Aktion vor. Und das ist überhaupt nicht falsch, es ist lediglich ungenügend. Schlimm wird es erst dadurch, dass viele Menschen, die die Welt auf diese Weise sehen, felsenfest davon überzeugt sind, dass es die einzig »richtige«, die einzig »professionelle«, die einzig wirklich »funktionierende« Perspektive ist.

Denn zwar gibt es auch in unserer komplexen, nicht-linearen, globalen, vernetzten, überraschenden Welt immer noch kausale Inseln, einfache Wirkungsmuster und berechenbare Zusammenhänge, in denen die rational-lineare Weltsicht tatsächlich richtig ist und auch funktioniert. Aber diese Inseln bilden nur noch einen Ausschnitt. Diese Weltsicht sieht nur einen Spezialfall, der im Zeitalter der Fabrik der vorherrschende war. Aber diese Zeiten sind vorbei. Das, was diese Weltsicht ausblendet, wird immer mehr zum Wesentlichen.

Es geht nicht darum, künftig diese fünf nüchternen Fragen überhaupt nicht mehr zu stellen. Das wäre schlichtweg dumm. Aber: Wenn das die einzigen Fragen sind, die gestellt werden (was heute leider allzu häufig passiert), dann machen die Antworten auf diese Fragen uns als Individuen, Organisationen und als Gesellschaft insgesamt weniger erfolgreich, weniger wettbewerbsfähig, weniger glücklich und weniger erfüllt, als wir es sein könnten.

Die Fragen, die wir uns alle jeden Tag stellen, sind von überragender Wichtigkeit. Es sind die Fragen, die Chefs jeden Tag ihren Mitarbeitern stellen. Es sind die Fragen, auf denen unsere Wirtschaft fußt, auf denen unser Bildungssystem gründet, mit denen die Unternehmen entscheiden. Und diese fünf Fragen sind richtig. Sie sind wichtig. Denn sie ermöglichen uns, gute Arbeit zu leisten. – Und trotzdem sind sie schlecht. Denn sie kommen uns auf unserem Weg in die Zukunft in die Quere. Und: Sie bringen unsere Augen nicht zum Funkeln.

TEIL II

SUCHE

Kapitel 5

Kapitulieren?

Die für uns gewohnte Art, Menschen zu führen, Arbeit zu organisieren, Menschen auszubilden, zu fragen und zu denken, hat ihren Zenit überschritten. Es funktioniert zwar noch – aber mit folgenschweren Nebenwirkungen. Menschen spüren das, wenn sie in sich hineinhören.

Der Wettbewerb um das Immer-höher-schneller-weiter-mehr hat uns mürbe gemacht. Wir sind überdehnt, ausgelaugt und ständig unter Druck. Das Funkeln in den Augen, das wir zu Beginn unserer Karriere hatten, ist schon lange verschwunden. Und nun kaufen wir Bücher über Work-Life-Balance, reservieren Zeit in unserem Kalender für Verabredungen mit uns selbst, nehmen Auszeiten im Schweigekloster, folgen den Empfehlungen der Glücksratgeberindustrie und bemühen uns um mehr Bewegung und eine gesündere Ernährung, um uns endlich wieder besser zu fühlen.

Das Problem ist nur: All diese Bemühungen laufen letztlich ins Leere.

Was sind die Konsequenzen? Liegt unsere beste Zeit unwiderruflich hinter uns? Haben wir keine andere Chance, als gute Miene zu machen und mitzuspielen? Wir haben Hoffnung, dass es eine andere und bessere Lösung gibt.

Auf die Spur, wo die Zukunft unserer Arbeit liegt und wie sie aussieht, hat uns der brasilianische Bestsellerautor Paulo Coelho gebracht. Wir können von Coelho vor allem zwei Dinge lernen, die im Zusammenhang mit diesem Buch und unserer Suche nach der Zukunft der Arbeit von entscheidender Bedeutung sind. Um diese zwei Dinge zu erklären, erzählen

Er hatte keine Autorität? Oh doch, die hatte er!

wir Ihnen, was Coelho vor einigen Jahren in Rio de Janeiro passiert ist.

Coelho war zu einem Interview verabredet und hatte noch ein wenig Zeit vor diesem Termin. Er war zu Fuß in Rio unterwegs und beschloss, noch schnell zu einer kleinen Bar in der Nähe vom Strand von Copacabana zu gehen, wo er immer gerne ein Kokoswasser trank. Auf dem Weg dorthin sah er einen Mann auf dem Bürgersteig liegen.

Das ist für die Menschen in Rio leider ein durchaus vertrauter Anblick. Also ging er weiter, trank seine Kokosmilch und lief wieder zurück, um rechtzeitig zu seinem Termin zu kommen.

Der Mann lag noch immer auf der Straße. Die Sonne brannte auf ihn herunter, und die Menschen liefen an ihm vorbei. Einige schauten kurz hin, aber dann gingen sie weiter. Niemand kümmerte sich um den Mann.

Da passierte etwas in Coelho. Er beschrieb es so: »Plötzlich war meine Seele müde geworden, diese gleiche Szene so häufig wiederzusehen.«

Er ging zu dem Mann hin und sah, dass er verletzt war. Er reagierte nicht, murmelte nur etwas. Coelho wischte das Blut mit seinem T-Shirt von seinem Kopf und sah, dass es nur eine oberflächliche Platzwunde war. Er versuchte, den Mann aufzurichten. Weil der so schwer war, hielt er einen Passanten an, und zu zweit zogen sie den Mann in den Schatten. Dann lief Coelho los, um die Polizei zu rufen, damit der Mann versorgt werden konnte. Auf der Straße traf er auf zwei Polizisten und meldete den Vorfall, damit sie sich um den Mann kümmerten.

Im ersten Moment dachte er, er habe nun seine Pflicht getan. Aber dann sagte ihm ein ausländischer Tourist, der alles beobachtet und die Polizisten auch schon auf den Mann hingewiesen hatte, dass sie abgelehnt hatten etwas zu tun, weil sie nur für Diebe zuständig seien.

Coelho war elektrisiert. Er rannte den Polizisten hinterher und verlangte von ihnen, dass sie dem Mann halfen. Aber sie nahmen ihn nicht ernst.

Er war für sie nur ein x-beliebiger Mann, nachlässig gekleidet, mit Blut am T-Shirt. Er hatte ja keine Autorität und konnte ihnen nicht vorschreiben, was sie zu tun hätten!

Er hatte keine Autorität? Oh doch, die hatte er! Seine Autorität entsprang seinem Überdruss. Er hatte genug davon, Menschen hilflos auf dem Boden liegen zu lassen. Das war nicht nur eine Laune. Er beschrieb es so: »Es gibt einen Augenblick, in dem du dich jenseits der Angst befindest, in dem dein Blick anders ist oder in dem die Menschen begreifen, dass du es ernst meinst.«

Es war genau so ein Augenblick. Er schaute dem einen Polizisten direkt in die Augen und sagte mit fester Stimme: »Nein!«

Der Polizist war verwirrt. Ob er eine Amtsperson sei, fragte er Coelho.

Der sagte: »Nein, das bin ich nicht. Aber wir werden dieses Problem jetzt umgehend beheben.«

Die Polizisten nickten. Sie gingen mit ihm zu dem Mann und riefen einen Krankenwagen. Ob sie nun zuständig waren oder nicht. Coelho hatte die Führung übernommen.

Was also sind die zwei Dinge, die wir daraus lernen können?

Das Erste: »Wir alle können etwas, was geschieht, anhalten, wenn wir noch rein sind.«

Coelho benutzt das Wort »rein« – wir verstehen das so: Wir können aufhören, ein Rädchen im Getriebe zu sein. Aber dazu müssen wir in diesem Sinne rein sein, das heißt, wir müssen uns unsere eigene innere Stimme bewahrt haben, die uns – und nur uns selbst – sagt, was richtig für uns ist.

Wir können aufhören, ein Rädchen im Getriebe zu sein.

Wir dürfen also durch unser Leben noch nicht ganz abgestumpft sein, wir müssen uns noch einen Rest der Antennen bewahrt haben, die uns unser Umfeld spüren lassen. Wir müssen noch hinterfragen können und nicht alles widerspruchslos als gegeben hinnehmen. Wir brauchen noch die Kraft und Energie, um zu fragen: Ist es das wirklich?

Das ist der entscheidende Punkt: Unser Leben geschieht nicht einfach, sondern wir können es lenken. Wir sind nicht ausgeliefert. Wir alle haben die Macht, etwas zu ändern! Wir alle können den Lauf der Dinge beeinflussen!

Aber wie bringen wir die Macht und die Autorität auf, die dazu notwendig sind? Das beantwortet der zweite Punkt: »Wir alle besitzen Autorität, wenn wir von dem, was wir tun, vollkommen überzeugt sind.«

An der Grenze der Wohlfühlzone

Die Frage liegt auf der Hand: Wenn wir mehr Macht haben, als wir uns eigentlich zugestehen, warum fühlen sich dann so viele Menschen in der täglichen Tretmühle aus Zeitdruck, Informationsflut, fortwährenden Unterbrechungen, hoher Arbeitsbelastung, ständiger Erreichbarkeit gefangen?

Was ist der Grund dafür, dass das Hamsterrad eine der am häufigsten gebrauchten Metaphern unserer Zeit ist? Was ist der Grund dafür, dass unser gesellschaftliches System aus Wirtschaft, Arbeit und Bildung, wie wir es in den Kapiteln 1 bis 4 beschrieben haben, systematisch Leidtragende produziert? Abhängige? Schuldige? Erschöpfte? Menschen, die ihr Bestes geben und denen es trotzdem niemals gelingt, über die Latte zu springen, die immer höher gelegt wird? Menschen, die höchst kompetent sind, aber doch niemals die Aufgaben restlos lösen können, die sich ihnen stellen? Menschen, die alle Forderungen erfüllen, die aber niemals bekommen, was ihnen versprochen wurde?

Es ist nicht zu schaffen. Nie. Und trotzdem folgen wir nur allzu gern den Botschaften, die uns glauben machen: »Ja, du kannst alles haben!«, »Ja, du kannst es schaffen!«, »Ja, du kannst alles in perfekter Balance halten!«, »Und wenn du es noch nicht geschafft hast, dann musst du dich eben noch ein bisschen mehr anstrengen!« – Genau das sind die Lügen, die wir gerne hören, die uns am Laufen halten, die uns aber immer unglücklicher machen.

Die Menschen fühlen das, und wenn sie in sich hineinhorchen, dann spüren sie, dass sie überdehnt, überspannt und irgendwie leer sind. Dass das Funkeln in ihren Augen schon lange verschwunden ist.

Der entscheidende Punkt ist: Auch wenn wir wissen, dass das Fabrikzeitalter schon längst vorbei ist, fußt unsere Gesellschaft, unser Bildungswesen, unsere Arbeit noch immer auf dem Denken des Fabrikzeitalters. Noch immer! Dieses alte Denken in einer neuen Zeit macht aus guter Arbeit erschöpfende Arbeit, es macht aus guten Ergebnissen seelenlose Ergebnisse, es macht uns in einem randvollen Tagesablauf innerlich leer.

Es ist nicht zu schaffen. Nie.

Wir sind zutiefst davon überzeugt, dass eine neue Art zu arbeiten und zu leben möglich ist. Dass niemand mehr diese gewohnte, erfolgreiche, gute, professionelle Arbeit, die uns so leer zurücklässt, machen muss. Und vor allem: Dass jeder für sich die Entscheidung treffen kann, damit aufzuhören. Aber dazu bedarf es einer wesentlichen Zutat: Mut. Das ist der entscheidende Punkt. Wir brauchen Mut, der uns dabei hilft, unsere Angst zu überwinden.

Sagen Sie jetzt nicht, dass Sie nicht die Macht hätten, etwas zu ändern!

Die Angst davor, uns außerhalb des Vertrauten zu bewegen. Die Angst vor Veränderung. Die Angst, nicht weiterzukommen. Die Angst davor, dass wir mit dem, was das Leben bringt, nicht fertigwerden: Ich werde nicht damit fertig, wenn ich mich auf die Suche mache und noch nicht das Ziel der Reise kenne. Ich werde damit nicht fertig, wenn die anderen denken, ich sei ein komischer Vogel. Ich werde nicht mit Misserfolg fertig. Ich werde nicht mit Ablehnung fertig.

Unsere Angst zeigt letztendlich nur, dass wir die Grenzen unserer persönlichen Wohlfühlzone erreicht haben. Aber genau an dieser Grenze wird es spannend! Alles, was wir jetzt von Ihnen wollen, ist: mutig sein und weitergehen.Wenn wir also von der Notwendigkeit sprechen, die Arbeitswelt zu verändern, dann wünschen wir uns, dass Sie den Mut haben, an Ihrer Arbeitswelt selbst etwas zu verändern. Und bitte sagen Sie jetzt nicht, dass Sie nicht die Macht hätten, etwas zu ändern! Denn das wäre nur eine Rechtfertigung für die Kapitulation.

Wir alle haben die Autorität, die dazu notwendig ist, wenn wir nur ganz bei uns bleiben, mit dem, was wir tun. Diese Form der Reinheit ist die Voraussetzung dafür, dass unsere Augen wieder zu funkeln beginnen.

Kapitel 6
Gute Arbeit ist schlechte Arbeit

Wir haben in den letzten Kapiteln immer mal wieder von »guter Arbeit« gesprochen. Das haben wir nicht nur so dahingesagt. Gute Arbeit ist für uns eine ganz bestimmte Sorte Arbeit – nämlich die vertraute, nützliche und produktive Arbeit, mit der wir in aller Regel den Großteil unserer Zeit verbringen. Gute Arbeit unterscheidet sich deutlich von »mieser Arbeit«.

Miese Arbeit? Also so etwas wie Müll wegbringen oder in der Kehrwoche das Treppenhaus putzen? – Nein, so einfach ist es dann doch nicht. Gerade am Beispiel der Kehrwoche lässt sich das wunderbar zeigen.

Falls Sie nicht aus Baden-Württemberg stammen: Die Kehrwoche ist ein jahrhundertealtes schwäbisches Ritual, das seinen Ursprung in einer gräflichen Verordnung für die Stadt Stuttgart aus dem Jahr 1492 hat: »Damit die Stadt rein erhalten wird, soll jeder seinen Mist alle Woche hinausführen.«

Die Stuttgarter kamen der amtlichen Aufforderung nur allzu gern nach und begannen, jede Woche zu putzen, zu fegen, zu schrubben und zu reinigen, und im Lauf der Zeit verbreitete sich die Idee der schwäbischen Kehrwoche auch über die Stadtgrenzen von Stuttgart hinaus.

Der wesentliche Unterschied zu anderen Gepflogenheiten in anderen Landstrichen ist bei der Kehrwoche schon in der ursprünglichen, über 500 Jahre alten Verordnung in den zwei Wörtchen »jeder« und »alle« kodiert.

Erstens muss jeder, wirklich jeder mitmachen. Ausnahmen werden nicht geduldet und auch heute noch mit sozialen Sanktionen wie übler Nachrede, vorsätzlichem Ignorieren und demonstrativem Nichtgrüßen bestraft.

Zweitens bedeutet »alle Woche« eben nicht, dass geputzt wird, wenn es nötig ist. Nein, geputzt wird genau einmal in der Woche, und zwar regelmäßig. Unterschieden wird zudem zwischen der kleinen Kehrwoche, die das Putzen des Flurs und Treppenhauses zwischen Wohnungen auf einem Stockwerk umfasst, und der großen Kehrwoche, mit der die zusätzliche feinsäuberliche Reinigung von Kellertreppe und -flur, Hauseingang, Briefkastenanlage und Gehweg für alle Hausbewohner verbindlich festgelegt wird. Diese Regelung lässt keine Ausreden zu und schaltet unterschiedliche Ansichten über die Notwendigkeit des Putzdienstes von vornherein aus. Wer gar meint, eine Kehrwoche vortäuschen zu können, der wird sehr schnell feststellen, dass man seinen schwäbischen Hausgenossen nichts vormachen kann. Selbst das kleinste Staubkörnchen am Waschküchenfenster wird entdeckt, und dann steht man unter den anklagenden Augen der Anwohner, die Untätigkeit und arglistige Täuschung vorwerfen.

Niemals würde sie einen zusammengeschobenen Dreckhaufen vergessen oder irgendwo einen Fleck hinterlassen!

Ist die Kehrwoche nun miese Arbeit, weil es kaum jemanden gibt, dem es ernsthaft Spaß macht, Dreck zusammenzufegen? Oder ist sie gute Arbeit, weil sie sinnvoll, gerecht und anerkannt ist? – Das kann man so nicht entscheiden, denn in welche Kategorie eine Arbeit fällt, ist nicht allgemein und objektiv, sondern individuell und subjektiv.

Für Frau Schwätzle aus der Schwabstraße, die mit Inbrunst auf die Einhaltung der goldenen Kehrwoche-Regeln achtet, ist das wöchentliche Ritual definitiv keine miese Arbeit. Nein, sie macht es gern und betrachtet es als ihre Pflicht. Es ist auch Eigennutz dabei, denn wie sollte sie sich sonst über die liederlichen Nachbarn aus dem ersten Stock beschweren können, wenn sie selbst nicht oberpünktlichst und höchst akkurat gekehrt hätte? Mehr noch: Würde sie es nicht tun, dann würde sie sich schlecht fühlen.

Die Kehrpflicht ist ihr so normal, weil sie damit aufgewachsen ist, weil sie den Sinn (»rein erhalten«) versteht und weil sie das Gefühl hat, dazu einen Beitrag zu leisten. Für sie ist es gute Arbeit. Das ist es aber erst dann, wenn Frau Schwätzle das Gefühl hat, wirklich ihr Bestes gegeben und den Umfang der Aufgabe zu 100 Prozent erfüllt zu haben. Niemals würde sie eine Stufe auslassen, um Zeit zu sparen, niemals würde sie einen zusammengeschobenen Dreckhaufen vergessen oder irgendwo einen Fleck hinterlassen. Sonst wäre es keine gute Arbeit.

Gute Arbeit ist es, wenn man die Anforderung vollständig erfüllt, und zwar gerne und freiwillig.

Für den Sohn von Frau Schwätzle allerdings ist es ganz anders. Er kann den Sinn der Kehrwoche nicht erkennen: »Wieso soll ich die Treppe putzen? Die ist doch noch sauber!«

Ihm ist die schwäbische Tradition herzlich egal. Ihm ist es auch völlig egal, was die Nachbarschaft über ihn denkt. Putzen ganz generell macht ihm nicht nur keinen Spaß, er hasst es regelrecht. Putzen ist für ihn Zeitverschwendung, pures Abarbeiten einer sinnlosen Pflicht, die ihm von einer höheren Instanz auferlegt wird. Er kann sich nichts Schlimmeres, Sinnloseres, Unpassenderes für sich vorstellen. Die Kehrwoche ist für ihn rundum miese Arbeit.

Steine wälzen

Was miese Arbeit ist, ist also eine höchst individuelle Festlegung. Und nicht immer kommt man drum herum. Im Berufsalltag der meisten Menschen gibt es miese Arbeit. Das Dumme ist, dass Organisationen eine besondere Gabe haben, miese Arbeit zu kreieren. Sie tritt in den verschiedensten Formen auf: Bürokratie, Berichte, Formulare, die ausgefüllt werden müssen, unzeitgemäße Prozesse, nicht enden wollende Meetings, bei denen nichts herauskommt, betrieblicher Informationsmüll, der das elektronische Postfach vollspammt.

Aber so ist das: Wir schaffen an der einen Ecke etwas weg, da rieselt die miese Arbeit an der anderen Ecke schon wieder nach. Sinnlose Sysiphos-Arbeit, die unglaublich viel Energie raubt. Am Ende eines solchen Tages fragt man sich: Was hab ich heute nur gemacht?

Das beste Bild für die miese Arbeit ist der Treibsand. Du kannst zusehen, wie du darin versinkst. Du kannst versuchen, dich rauszuziehen, aber die miese Arbeit zieht dich runter. Sie ist wie Blei an den Füßen.

Wie genau schafft es die miese Arbeit, Menschen emotional so auszusaugen? Warum genau zieht sie uns runter und raubt uns Freude und Energie? – Weil sie sich so sinnlos anfühlt. Sie fühlt sich nicht an wie ein Wertbeitrag zu etwas Großem, Sinnvollem. Darum wirkt sie wie Zeitverschwendung. Wir wissen, dass wir sie erledigen müssen. Sie ist Teil unserer Pflicht, die wir mit unserer Unterschrift unter dem Arbeitsvertrag eingegangen sind. Aber obwohl wir den Arbeitsvertrag damals freiwillig unterschrieben haben, fühlen wir uns der miesen Arbeit nun ohnmächtig ausgeliefert.

Betrieblicher Informationsmüll, der das elektronische Postfach vollspammt.

Dabei kann genau diese Arbeit, die den einen total erschöpft, für den Nächsten ein Quell der Freude sein. Wir selbst haben diese Erfahrung gemacht. Als wir vor über einem Jahrzehnt in Wien unsere Beratungsfirma gegründet hatten, dachten wir zunächst, dass wir das Folgerichtige, Logische, Richtige tun. Wir waren gut ausgebildet, hatten durch unsere mehrjährige Arbeit bei großen Beratungsunternehmen ausgezeichnete Kenntnisse, kannten den Bedarf, wussten, wie wir an Kunden kommen konnten, hatten die Kompetenz dazu und kannten Kollegen, die förmlich darin aufgingen, eine Beratungsfirma zu leiten – und trotzdem versanken wir in kürzester Zeit in mieser Arbeit. In für UNS mieser Arbeit. Denn als Chefs einer Beratungsfirma mit angestellten Beratern waren wir plötzlich keine Berater mehr, sondern Manager, die tagaus, tagein und rund um die Uhr damit beschäftigt waren, unsere eigene Organisation zu managen, also die Menschen zu führen, zu briefen, zu korrigieren, weiterzubilden, ihre Fehler auszubügeln, uns um sie zu kümmern, sie arbeitsfähig und motiviert zu halten, die Auftragspipeline gefüllt zu halten und so weiter. Und das hielt uns von dem ab, worin wir wirklich leidenschaftlich gut waren: beraten. Darin würden wir gute Arbeit leisten, das wussten wir. Aber der Anteil an mieser Arbeit war viel zu hoch. Wir verschwendeten unsere Zeit – ganz unabhängig vom Erfolg des Unternehmens. Dabei ist uns klar: Für andere als uns wäre dieses Unternehmen vielleicht ein erfülltes, glückliches Lebenswerk gewesen.

Wer den überwiegenden Teil seines Arbeitsalltags mit mieser Arbeit verbringt, hat zwei Probleme: Erstens wird er immer unzufriedener, er stumpft ab, leidet unter seiner inneren Leere. Zweitens verliert der Job mit zunehmendem Anteil an mieser Arbeit an Wert: Je höher der Anteil der miesen Arbeit im Arbeitsportfolio, desto weniger Geld verdient derjenige und desto schneller ist er austauschbar.

Sie werden das Problem der miesen Arbeit kennen so wie wir alle. Aber Sie wissen, wie Sie damit umgehen müssen. Sie organisieren sich. Sie betreiben Zeitmanagement, Sie planen und priorisieren und wenden die Getting-Things-Done-Methode in der einen oder anderen Form an. Sie arbeiten jeden Tag daran, den Anteil der miesen Arbeit zu verringern, damit Sie mehr gute Arbeit machen können.

Für andere als uns wäre dieses Unternehmen vielleicht ein erfülltes, glückliches Lebenswerk gewesen.

Allerdings: Es bleibt ein ständiger Kampf. Die Grenze zwischen mieser Arbeit und guter Arbeit ist fließend. Miese Arbeit und gute Arbeit bewegen sich in einem Kontinuum. Es gibt so richtig miese Arbeit am unteren Ende des Kontinuums, die werden Sie schon lange nicht mehr machen müssen. Und es gibt diese miese Arbeit, die schon sehr dicht an der guten Arbeit liegt, aber die Sie dennoch täglich versucht kleinzukriegen …

Wer es geschafft hat …

Das ist miese Arbeit. Und gute Arbeit? Das ist das, was übrig bleibt, wenn die miese Arbeit erledigt ist. Gute Arbeit ist vertraut, lukrativ, nutzbringend. Sie nährt uns und macht uns erfolgreich im Sinne einer guten Karriere. Gute Arbeit ist durchdacht und mit Präzision ausgeführt. Sie bedeutet hart zu arbeiten, sich anzustrengen, pünktlich und zuverlässig zu sein und engagiert und ergebnisorientiert zu arbeiten. Gute Arbeit ist lebenswichtig. Effiziente, profitable und fokussierte Arbeit ist der Schmierstoff unserer Wirtschaft, damit die Gewinne auch im nächsten Quartal noch fließen.

Sie ist der Teil des Tagesablaufs, über den die meisten Menschen sich definieren. Also das, was gemeint ist, wenn man auf einer Party oder auf einem Empfang gefragt wird: »Und? Was machen Sie?«

Der Sinn der Frage ist eigentlich: »Wer sind Sie?«, denn Sein und Machen fallen in der guten Arbeit zusammen. Ist die Arbeit, die man macht, anerkanntermaßen gute Arbeit, dann ist man wer, dann genießt man Status und Wertschätzung. Wer als vielbeschäftigter Manager auf allen Kontinenten unterwegs ist, darf damit rechnen, als spannend wahrgenommen zu werden. Oh, der hat Macht und ein aufregendes Leben! Das lässt den Inhaber dieses Jobs in der Anerkennung seiner Mitmenschen aufsteigen. Wer sich hingegen als Hausmann outet, hat gute Chancen, auf den Langweilerplätzen zu landen. Und wer als Beruf »arbeitslos« angibt, kann sicher sein, betretenes Schweigen zu ernten …

Was zählt, ist das, was in der Stellenbeschreibung definiert ist. Und das ist logischerweise all das, was das Tagesgeschäft des Unternehmens optimal am Laufen hält. Es sind Tätigkeiten, die die Kunden zufrieden machen. Die die Arbeit für alle reibungslos laufen lassen, die die gut geölte Maschine schnurren und surren lassen. Gute Arbeit ist das Ergebnis unserer Ausbildung, unseres Studiums, unserer über die Jahre gesammelten Berufserfahrung. Gute Arbeit ist das, was belohnt wird. Das, was man sich »redlich erarbeitet« hat und dessen Früchte man nun erntet – selbst dann, wenn die Arbeit immer mehr zum gefühlten Gegengeschäft wird und uns schleichend und zentimeterweise von dem abbringt, was wirklich für uns zählt. Wer die Gebietsleitung übernommen hat, der hält sein Verkaufsteam am Laufen, auch wenn er selber die Straße und das Verkaufen von früher vermisst. Wer die Erfahrenste in der Filiale ist, die leitet sie, auch wenn die Verantwortung für den Tagesumsatz drückt und die Einteilung der Arbeitskräfte nur Ärger macht.

Die Belohnung, die Anerkennung wird nur in erster Linie in Euro bemessen. Mindestens genauso wichtig sind die Dienstgrade, die Privilegien der Hierarchie, die Insignien der Macht und die soziale Anerkennung. Denn gute Arbeit wird anerkannt. Und diese Anerkennung liefert das Signal: Alles läuft gut. Ich komme voran. Ich geh meinen Weg. Ich mache Karriere. Ich mache es gut und ich mache es richtig. Ich mache das, was alle empfehlen. Und das ist: Mach mehr gute Arbeit! Arbeite dich hoch! Verdiene mehr Geld! Führe mehr Mitarbeiter! Bekomme den schöneren Dienstwagen! Ziehe in ein Büro im oberen Stockwerk! Bekomme eine eigene Sekretärin! Verantworte ein noch größeres Budget!

Aber was wir auch erkennen müssen, ist, dass alle Belohnung und Anerkennung bei der guten Arbeit primär von außen kommt. Es werden uns Anreize gesetzt, vom Versprechen des Karriereaufstiegs via Beförderung bis zum Bonus für die Zielerreichung. Aber auch die Gesellschaft, das soziale Umfeld gibt Anerkennung von außen für die gute Arbeit: »Der hat es geschafft!«, »Die geht ihren Weg!«, »Der macht richtig Karriere!« – Solange die Anerkennung kommt, bedeutet das: Wir tun, was von uns erwartet wird.

»Der hat es geschafft!«
»Die geht ihren Weg!«
»Der macht richtig Karriere!«

Es ist alles gut mit der guten Arbeit. Aber wissen Sie was?
Gute Arbeit ist schlechte Arbeit!

Drei Pfade

Die Überzeugung, die die meisten Menschen teilen, ist: Es gibt zwei Sorten Arbeit. Miese Arbeit und gute Arbeit. Das führt dazu, dass es bei den meisten Menschen drei grundsätzliche Haltungen gibt:

Es gibt erstens die Menschen, die das System akzeptieren und sich darin möglichst sicher, möglichst wenig aufwändig und möglichst gemütlich einrichten. Es gibt zweitens Menschen, die das System akzeptieren, sich engagieren und für sich das Beste aus dem System rausholen möchten, indem sie eine gute Karriere machen. Und es gibt drittens die Menschen, die die Nase voll haben, die die Brocken hinwerfen und aus dem System aussteigen. Lassen Sie uns diese drei Gruppen genauer unter die Lupe nehmen.

Nehmen wir für den ersten Typ einen Mann namens Christoph. Er findet das ganze System eigentlich nicht gut. Er fühlt sich nicht wohl darin, spürt täglich diffuses Unbehagen. Aber er denkt: Es ist nun mal so, wie es ist, was soll ich machen? Er fühlt sich bei weitem nicht stark genug, um sich innerhalb des Getriebes der Zahnrädchen aufzulehnen oder etwas zu verändern. Also arrangiert er sich. Er eckt nicht an und er versucht, der Arbeit, die ihn so anstrengt, aus dem Weg zu gehen. Er ist regelmäßig der Erste, der Feierabend macht, um so früh wie möglich zu Hause zu sein. Wenn die Kollegen sich treffen, ist klar, dass Christoph nicht dabei ist. Er wird schon gar nicht mehr gefragt. Sein Chef hat verstanden, dass Christoph niemals Karriere machen wird. Einfach weil ihn das gar nicht interessiert. Die wirklich wichtigen Aufgaben bekommen darum andere. Allerdings: Die Aufgaben, die er bekommt, erfüllt er stets zur vollsten Zufriedenheit, er macht gute Arbeit, denn er braucht ja auch das Geld. Mehr aber auch nicht. Das Leben findet woanders statt. Bei der Arbeit aber definitiv nicht!

Für den zweiten Typ steht Andreas. Er findet das System der Arbeitswelt nicht perfekt, aber er ist ja schließlich kein Träumer. Arbeit ist nun mal Arbeit. Und so schlimm ist es auch nicht. Für ihn ist es eher eine Art sportlicher Wettbewerb: Er will das Maximum für sich rausholen. Er will vorankommen, Verantwortung übernehmen, Entscheidungen treffen, Geld verdienen. Er ist ein Erfolgsmensch. Was er verstanden hat: Wenn man nicht 100 Prozent, sondern 120 Prozent bringt, wird das vom System belohnt. Arbeit ist für Andreas schlichtweg Teil eines Deals, und er sagt sich: Wenn ich ohnehin 50, 60 Stunden in der Woche meinem Arbeitgeber zur Verfügung stelle, warum sollte ich dann nicht auch die Früchte meiner guten Arbeit ernten?

Und es gibt drittens die Menschen, die die Brocken hinwerfen und aus dem System aussteigen.

Für den dritten Typ steht Thilo. Er war dermaßen genervt von den Grabenkämpfen in der Firma, von dem Getratsche und Gemobbe, er fand das System so ungerecht und unzulänglich und spürte in sich so viel Widerwillen, dass er ausgestiegen ist. Er hat die Brocken hingeworfen und seinem Chef die Kündigung auf den Tisch geknallt. Das war der gefühlt beste Tag seines bisherigen Arbeitslebens. Aber vermutlich war der Chef auch ganz froh. Thilo ist ihm nämlich ganz schön auf die Nerven gegangen. Er hatte seine Unlust demonstrativ zur Schau gestellt, war öfter mal krankgeschrieben und hat alles Mögliche kritisiert. Eine Zeit lang hatte Thilo ernsthaft überlegt, einfach bis zur Rente durchzuhalten, aber dann hatte er eine ganz andere Idee: Er machte sich selbständig mit Alpaka-Wanderungen für Führungskräfte. Er ist nämlich am liebsten in der Natur und liebt Tiere. Und klar, aller Anfang ist schwer. Aber mit seinem zusätzlichen Nebenjob als Nachhilfelehrer kommt er erst mal ganz gut über die Runden.

Wir können sowohl Christoph als auch Andreas als auch Thilo sehr gut verstehen. Alle diese drei Wege sind okay.

Christoph und Andreas haben aus unterschiedlichen Gründen und mit unterschiedlichen Ergebnissen ein zu Teilen fremdbestimmtes Arbeitsleben gewählt. Sie sind einen Deal eingegangen und haben dafür auf ein Stück Freiheit verzichtet. Thilo ist ausgebrochen und hat die Freiheit gewählt, kein Deal, dafür ein selbstbestimmtes Leben. Sicher nicht der einfachste Weg.

Unsere tiefe Überzeugung ist: Unsere Freiheit beginnt damit, dass wir die Ziele und Ideale in unserem Leben kennen und verstehen, was für uns wirklich zählt und welche Werte unser Handeln leiten. Denn wer gemäß seiner Ziele und Ideale lebt und handelt, der führt mit großer Wahrscheinlichkeit ein erfülltes Leben.

Wir haben nur den dringenden Verdacht, dass das auf viele Menschen nicht zutrifft. Und das liegt an der Art von Arbeit. Unsere Befürchtung ist: Weder Christoph noch Andreas noch Thilo sind, wenn sie wirklich ehrlich sind, glücklich mit ihrer Situation. Es könnte sein, dass weder der Weg von Christoph noch der von Andreas oder Thilo zum Funkeln in den Augen führt.

Ganz sicher aber ist, dass Christoph und Andreas ein dickes Problem haben.

Leben als Ersatzteil

Ihr Problem liegt im Wesen der guten Arbeit. Das Ziel der guten Arbeit ist es, alles reibungslos laufen zu lassen. Und damit alles reibungslos läuft, braucht das System Menschen, die sich in das System einpassen. Menschen, die ebenfalls rundlaufen und die an sie gestellten Erwartungen erfüllen.

So ist das. So funktioniert das System. Jemand, der eine eigenständige Persönlichkeit ausbildet, der Ecken und Kanten zeigt, der nicht ins vorgegebene Job-Kästchen passt, sondern mal hier Fähigkeiten überstehen lässt und mal dort eine Lücke in den Kompetenzen aufweist, der seinen Wert in seiner Einzigartigkeit sieht und nicht in der Anpassung, der kann auf Dauer keine gute Arbeit machen! Denn er würde das System zum Ruckeln bringen, es würde nicht mehr rundlaufen und das Ergebnis eines Optimierungsprozesses würde dann früher oder später lauten: Du passt leider nicht ins System. Wer nicht in die vorgegebenen Konturen passt, muss irgendwann ausgetauscht werden, um die Strömungsgeschwindigkeit der Organisation weiter zu erhöhen.

Da Christoph und Andreas nicht aus dem System aussteigen wollen, halten sie sich also an die vorgegebenen Spielregeln und passen sich ein. Aber das Einpassen in das System hat eine Nebenwirkung: Sie werden dadurch auch austauschbar, weil leicht zu ersetzen.

Wer seinen Wert in seiner Einzigartigkeit sieht und nicht in Anpassung, kann auf Dauer keine gute Arbeit machen!

Die Karotte, die alle vor der Nase haben, ist: Werde besser, steige auf, denn dann wirst du wichtiger. Aber die Wahrheit ist: Man kann zwar ein immer größeres Rädchen werden, aber der Grad an Austauschbarkeit nimmt deswegen nicht ab.

Austauschbarkeit ist ein Problem. Definitiv. Aber das aus unserer Sicht noch viel größere und bei weitem schmerzhaftere Problem der guten Arbeit ist, dass wir unser Leben zunehmend nach den von außen an uns herangetragenen Erwartungen ausrichten. Dass wir selbst Wirtschaftsgüter werden, die ausschließlich nach ihrem Marktwert beurteilt werden. Dass wir immer weniger unser eigenes und immer mehr das Leben der von außen an uns gestellten Erwartungen leben.

Wie baut man die Zukunft?

Aber nicht nur für die Individuen, sondern auch für die Unternehmen bringt das ein dickes Problem mit sich. Auch für sie ist gute Arbeit heute nicht mehr gut genug. Warum? Weil gute Arbeit lediglich optimale Antworten darauf gibt, wie ein Unternehmen hier und heute, unter den gegebenen Bedingungen den Markt voll ausschöpfen kann. Wie inkrementelle – also kleine und schrittweise – Verbesserungen von Produkten, Services und Geschäftsmodellen gefunden werden können. Es geht um Best Practices, Qualitätsmanagement, permanente Verbesserung, es geht darum, Leistungslücken zu finden und zu schließen. Die Optimierung der Wettbewerbsfähigkeit in einem definierten Wettbewerb mit feststehenden Regeln und gegebenem Wettbewerberfeld – das ist mit guter Arbeit hervorragend zu schaffen.

Alles gut. Alles richtig. Alles wichtig. Das Problem dabei ist: Wenn der ausschließliche Fokus eines Unternehmens auf dem Ausschöpfen des gegebenen Systems mittels guter Arbeit liegt, dann strauchelt das Unternehmen genau dann, wenn sich die Regeln oder das Wettbewerberfeld ändern. Gute Arbeit ist zukunftsblind, denn sie findet innerhalb des Systems statt, sie kann das System selbst nicht weiterentwickeln.

Aber anstatt nur gute Antworten auf die alten Fragen zu liefern, müssen Unternehmen heute ganz neue Fragen stellen. Und das kann gute Arbeit nicht leisten, denn kreativ wird sie nur innerhalb des gegebenen Rahmens. Über diesen Rahmen hinauszudenken wird uns schon in der Schule systematisch ausgetrieben. Wir verfügen schlichtweg nicht über genügend Menschen, die dafür ausgebildet sind, die Zukunft zu bauen.

Dabei wissen gerade wir in Deutschland, im Land der Tüftler und Ingenieure, im Land von Gottlieb Daimler, Werner von Siemens, Robert Bosch, Adam Opel, Konrad Zuse und Graf Zeppelin, dass alles Neue in der Welt nicht von der guten Arbeit kommt.

Gottlieb Daimler hat nicht Pferdekutschen schneller gemacht, indem er beispielsweise die Chassis leichter und den Abrollwiderstand der Räder geringer gemacht hätte. Das wäre gute Arbeit gewesen. Natürlich hätte er das gekonnt, er war ein guter Ingenieur. Aber es hat ihn nicht interessiert. Was ihn angetrieben hat, war nicht die Aussicht auf ein größeres Büro, er wollte nicht Chefdesigner werden. Er wollte nicht die Anerkennung des Kaisers oder der Kollegen oder der Verwandtschaft. Es war auch nicht der Wunsch, reich zu werden.

Alles gut. Alles richtig. Alles wichtig. Das Problem dabei ist …

Das alles hat keine Rolle gespielt, als er den Verbrennungsmotor von Carl Benz in das Fahrgestell montierte und den ersten Motorwagen der Welt baute. Sein Antrieb bestand zu 100 Prozent aus innerer Motivation, völlig losgelöst von äußeren Anreizen. Er wollte eine Lösung finden, die vor ihm noch keiner gefunden hatte. Eine Lösung, die für die Welt von größtem Nutzen sein würde. Wenn er sie nur möglich machen würde. Niemand hatte diese Lösung von ihm verlangt. Er wollte sie. Und das war alles.

Gute Arbeit ist schlechte Arbeit, weil sie die Zukunft vernachlässigt. Gute Arbeit ist schlechte Arbeit, weil sie nur Antworten auf lineare Veränderungen in der Branche gibt. Beim Wettbewerb um die Zukunft bzw. der Arbeit an der Zukunft sieht es vollkommen anders aus. Hier geht es um Antworten auf nichtlineare, ruckartige, unvorhersagbare, nie gesehene Veränderungen. Um radikal neue Produkte, Dienstleistungen oder Geschäftsmodelle. Es geht um ganz neue Märkte, neue Kunden und neue Wettbewerber. Und es geht nicht länger darum, Leistungslücken zu schließen, sondern Chancenlücken zu finden und mit Leben zu füllen.

Und dieser Wettbewerb um die Zukunft verlangt schöpferisches Arbeiten, das kein Teil der guten Arbeit ist. Das heißt nichts anderes, als dass zu viel gute Arbeit (geprägt von Kontrolle, Präzision, Stetigkeit, Disziplin, Verlässlichkeit) auch für Unternehmen langfristig nicht gut ist. Das heißt natürlich nicht, dass der Anteil mieser Arbeit wieder erhöht werden soll. Nein, es fehlt etwas Drittes …

Dann doch lieber Alpakas

Gute Arbeit macht sehr wohl Sinn. Aber es ist ein einseitiger Sinn. Ein vorgegebener, durch Normen und Regeln bestimmter, äußerer Sinn. Es bleibt einem Menschen innerhalb des Systems nichts übrig, als in diesen gesetzten Sinn konformistisch einzuwilligen. Sehr modern ist es darum zu sagen: Ein Unternehmen, ein Gründer, ein Chef muss »Sinn stiften«. Das kann aber nur die eine Hälfte der Bedeutungen von Sinn umfassen. Die extrinsische Hälfte.

Die andere Sorte Sinn kann nicht gestiftet werden, dieser Sinn ist intrinsisch. Es ist ein Sinn, der nicht für andere Menschen Bedeutung hat, zum Beispiel für die Aktionäre meines Arbeitgebers, sondern ein Sinn, der Bedeutung für mich selbst hat.

Wer sich von der Frage »Was erwartet man von mir?« in seiner Lebensplanung leiten lässt, lebt ein Leben, das vor allem einen extrinsischen Sinn erfüllt – zumindest dann, wenn man den vorgegebenen Weg durch Schule, Uni und Karriereleiter tadellos hinbekommen hat.

Wir sagen nicht, dass man diese Frage überhaupt nicht mehr stellen sollte – aber sie sollte nicht an erster Stelle stehen. An erster Stelle sollte diese Frage stehen: Was ist mir wirklich wichtig? Mir selbst!

Aber das ist alles andere als einfach, denn unsere Kultur sagt: Manage deine Karriere zu deinem Vorteil! Werde zu einer Marke! Vermarkte dich! Das ist eine ökonomische, vernünftige, professionelle Haltung, der gedanklich allerdings immer auch ein Gegengeschäft zugrunde liegt: Ich gebe, damit du gibst. Der Ökonom in uns schreit: »Sei kein Dummkopf! Versuche, das Maximale für dich herauszuschlagen. Du bist das Produkt! Verkaufe dich teuer! Entscheide dich fürs beste Angebot.«

Um für diesen Selbstverkauf fit zu sein, werden wir von der Vorschule an getrimmt. Wir hören auf diesen inneren Ökonomen in uns, das heißt, wir kommerzialisieren uns und entscheiden uns für ein zweckdienliches Leben. Ein Leben für den Zweck anderer.

Wenn der Deal Arbeitskraft gegen Geld ist, dann ist es widersinnig, seine mangelnde Freiheit zu beklagen.

Wenn der Deal Arbeitskraft gegen Geld ist, dann ist es widersinnig, seine mangelnde Freiheit zu beklagen. Wirklich frei sind wir eben nur dann, wenn wir uns zu einer Arbeit aus eigenem Antrieb und aus freien Stücken verpflichten – um der Arbeit willen.

NICHT um eine Gegenleistung dafür zu bekommen! Also nicht für einen ausgehandelten Vertrag nach dem Muster »Ich gebe, um zu bekommen«. Noch mal ganz deutlich: Ich bin nur dann in der Arbeit frei, wenn ich mich wie Gottlieb Daimler zu einer Sache entschlossen habe und dafür KEINE Gegenleistung erwarte. Sobald ich mich auf ein Geschäft auf Gegenseitigkeit einlasse, habe ich meine Freiheit verneint. Freiwillig verneint. Weggegeben. Wenn ich mich selbst als Produkt sehe, werde ich automatisch zur Handelsware. Und genau das ist die Haltung, die hinter der guten Arbeit steht.

Die zentrale Frage, die darüber entscheidet, ob gute Arbeit schlecht oder gut ist, lautet: »Von was hängt mein Wert ab?« Innerhalb des üblichen Deals lässt sie sich sehr einfach beantworten: Unser Wert hängt von unserer Arbeitskraft ab. Und diese Arbeitskraft ist eine Währung, deren Wert sich nach dem aktuellen marktüblichen Wechselkurs richtet.

Diese Grundhaltung ist ein Zugeständnis. Und dieses Zugeständnis kann uns – schleichend und zentimeterweise – von dem abbringen, was wirklich zählt. Denn hier liefert allein unser kommerzieller Wert die Antwort auf die Frage: »Wer sind wir?«

Dieser Handel wird zur Lebenshaltung und gleichzeitig zur pragmatischen Doktrin. Unsere Handlungen werden dadurch bestimmt, was nützlich ist, welche Wirksamkeit sie erzielen und wie sich unsere Investitionen auszahlen. Wir beginnen selbst, unser Leben durch die Brille der Zweckmäßigkeit zu betrachten. Wenn wir nicht aufpassen, werden Werte wie Nutzwert, Rendite und Wirksamkeit schrittweise zu den zentralen Ankerpunkten unserer eigenen Identität.

Wenn ich mich selbst als Produkt sehe, werde ich automatisch zur Handelsware.

Persönlicher Erfolg stellt sich dann ein, wenn es uns gelingt, uns möglichst gut an die Marktgegebenheiten anzupassen – wir denken und handeln marktgetrieben. Keine Frage, diese marktgetriebene Haltung hat in der Welt der Wirtschaft, wenn es um Produkte und Dienstleistungen geht, ihre Berechtigung. Es wird aber fragwürdig, wenn sie unsere Identität als Menschen bestimmt.

Wenn wir die Welt durch die Brille der Zweckdienlichkeit betrachten und das, was wir tun, strikt nach den Kosten und Nutzen beurteilen, dann wird die Frage »Was ist der Sinn?« von der Frage »Was ist schnell und nützlich?« ausgestochen. Die Frage »Was funktioniert?« gewinnt immer. Die Frage »Was zählt wirklich?« kommt bestenfalls an zweiter Stelle.

Nun können Sie einwenden: Das ist ja alles korrekt, aber ich muss doch erst einmal in diesem Spiel mitspielen. Wenn ich keine Position und keinen Einfluss habe, zählt meine Stimme nichts. Heute singe ich deren Lied, damit ich morgen meine eigenen Lieder komponieren kann. Das hört sich zunächst auch einmal vernünftig an: gute Arbeit als Sprungbrett. Nur klappt das so fast nie. Auch die Führungsriegen von heute waren früher mal genau dieser Überzeugung. Und haben sich auf diese Weise eine Stellung in der Gesellschaft erarbeitet, die nur die wenigsten wieder aufgeben wollen. Die wenigen Unternehmer, Geschäftsführer oder Ärzte, die ihre gute Arbeit an den Nagel hängen, um ihr Vermögen zu verschenken oder sich als Bildhauer selbst zu verwirklichen, sind so selten, dass diese Leute umgehend Talkshow-Gäste werden und Bücher über ihren Lebenswandel schreiben. In Wahrheit kommt kaum jemand über diesen Umweg wirklich an.

Dass gute Arbeit schlechte Arbeit ist, das ist paradox. Das, was scheinbar immer belohnt wurde, ist in Wahrheit schlecht. Was für eine verrückte Welt.

Da liegt doch die Lösung scheinbar auf der Hand: Aus diesem System MUSS man ja aussteigen! Die Lösung kann nur die dritte Variante sein. Wie war das? Alpaka-Wanderungen für Führungskräfte? Die Lösung heißt: Mach dein Ding!

Oder?

Kapitel 7
Mach dein Ding!

Dieter ist 54 Jahre alt. Es gibt ihn wirklich, wir kennen und schätzen ihn. Er lebt in einer westdeutschen Großstadt und er ist begabt, intelligent, motiviert, ein »Self-Starter«, wie man ihn in jedem Unternehmen gerne hat. Er kennt sich mit vielem aus, insbesondere mit allem Technischen rund um Computer, IT, Internet, Netzwerken. Er war mal bei einem großen Telekommunikationsunternehmen angestellt, sein Arbeitsfeld war die Software-Programmierung. Er war gut darin. Aber es hat ihn irgendwann nur noch gelangweilt – das beste Zeichen, dass Programmieren nicht »sein Ding« sein konnte.

Er wechselte in den IT-Support, da kommunizierte er nicht nur mit Prozessoren, sondern auch mit Menschen, und das gefiel ihm. Die Leute hatten Probleme mit dem Drucker, mit dem Software-Update oder mit der Backup-Routine des Servers, und er konnte ihnen helfen. Leider waren es immer irgendwie die gleichen Probleme, die gute Arbeit wurde für ihn zur Routine und irgendwann zu mieser Arbeit. Und überhaupt wurde es ihm im Konzern zu eng. Es muss doch irgendetwas geben, irgendeine Arbeit, die nur auf ihn wartet, für die er geschaffen ist, »seine« Arbeit!

Er las Bücher, die ihm rieten, auf seine innere Stimme zu hören und seine Träume zu verwirklichen und sich als Experte zu vermarkten. Und das klang sehr gut! Nach intensiver Selbsterforschung fiel ihm ein, dass er schon immer mal ein Buch schreiben wollte. Das ist es! Ihm war auch sofort klar, um was es darin gehen sollte: Work-Life-Balance! Ein Ratgeber für Menschen wie er selbst. Damit kannte er sich aus, das interessierte ihn, da würde er sich reinfuchsen können.

Natürlich braucht man als Work-Life-Balance-Experte heute auch einen Blog im Internet. Das war für ihn die kleinste Übung, innerhalb eines Tages war der Blog fertig. Er kündigte das Buch an, begann daran zu arbeiten, bot auch Seminare und Coaching an.

Aber irgendwie funktionierte das Ganze nicht. Das Manuskript zu schreiben gestaltete sich zäh. Für seine Seminare und Coachings gab es nur wenig Nachfrage. Natürlich, ihm fehlte noch die Bekanntheit im Markt. Die Leute waren einfach noch nicht auf ihn aufmerksam geworden. Wir leben in einer Aufmerksamkeitsökonomie, las er in einem anderen Buch, und das klang stimmig. Aber das müsste sich doch machen lassen, es haben doch schon so viele andere vor ihm geschafft, sich einen Namen zu machen. Würde er nur einmal einige Menschen beraten haben, dann müssten die ihn doch weiterempfehlen. So läuft das heutzutage: Mund-zu-Mund-Propaganda.

Er überlegte weiter. Um sich erfolgreich zu vermarkten, braucht man auch eine App, die die Leute über den iTunes-App-Store auf ihr Handy laden können. Hier war er wieder in seinem Element, das Programmieren machte ihm Spaß. Er las von den irren Erfolgsgeschichten der App-Programmierer, die den weltweiten App-Markt für Smartphones gestürmt hatten und binnen weniger Wochen Millionen verdient hatten. App-Programmierung, das ist das neue Eldorado! Das mit dem Buch und der Positionierung als Work-Life-Balance-Experte stellte er hinten an. Jetzt setzte er auf die Karte App-Programmierung. Denn das ist das nächste große Ding …

Die kalte Dusche

Ja, Dieter ist in bester Absicht ausgestiegen. Er hatte verstanden, was all die Ratgeber und Experten ihm einflüsterten: Tu, was du willst, und das Geld wird dir folgen! Das ist das Mantra des neuen Individualismus, das von den Erfolgsratgeber-Altären in den Buchhandlungen, von den Keynote-Vortragskanzeln und in den Persönlichkeitsentwicklungsseminar-Bibelstunden gepredigt wird wie das Evangelium. Dieter glaubte. Ihm war klar: Er hatte nur ein Leben. Mehr als die Hälfte davon war bereits vorbei. Und wenn er seine Träume noch verwirklichen wollte, musste er kündigen. MUSSTE! Er wollte raus aus der Tretmühle der guten Arbeit. Recht hatte er! Aber wo steht er jetzt?

Die Wahrheit ist: Dieter verdient gerade mal so viel Geld, dass er über die Runden kommt. So irgendwie eben. Der Traum des großen Erfolgs durch App-Programmierung hat sich nicht eingestellt. Die Verkaufszahlen für sein Buch sind ziemlich enttäuschend, und die Sache mit den Seminaren und Coachings läuft ausgesprochen schleppend. Zurück in seinen alten Job beim alten Arbeitgeber ist auch keine Option. Und die Selbstverwirklichungsträume sind mittlerweile in der nüchternen Realität angekommen.

Dieter glaubte. Aber wo steht er jetzt?

Dieter ist nicht allein. Jeder kennt solche Leute. Sie steigen aus und starten mit großen Hoffnungen. Sie wollen ihr Ding machen, aber in Wahrheit probieren sie sich nur auf zig Gebieten aus. Sie sind immer schnell Feuer und Flamme, aber das Feuer verglimmt genauso schnell, wie es bei der nächsten Gelegenheit wieder aufflackert. Sie sind immer auf der Suche, haben immer die nächste Idee im Kopf.

Und die Analyse, die ihrem Lebensstil zugrunde liegt, ist ja auch nicht falsch: Es gibt heute wirklich unglaublich viele Möglichkeiten. Das Internet bietet jedem grundsätzlich Zugang zu riesigen Märkten. Es gibt in der globalisierten, vernetzten Wirtschaft Freiheit wie noch nie. Das stimmt! Und es gibt auch genügend Kapital. Wer keinen Business Angel kennt oder findet, dem kann das Internet helfen: In letzter Zeit schießen Crowdsourcing-Plattformen wie Pilze aus dem Boden. Sie versprechen, die angestaubte Sparkasse und die dröge Volksbank vergessen zu machen, denn im

Null Kosten! Totale Freiheit! Du brauchst nur einen Laptop und ab geht die Post!

21. Jahrhundert läuft das ja wohl mal ganz anders: Tausende Menschen geben Mikrokredite, die von diesen Plattformen gebündelt ausgezahlt werden. So kann jeder sein Geschäft gründen, ohne Abhängigkeit von grauen Schlipsträgern mit rahmenlosen Brillen und Seitenscheitel.

Ja, die Zeit für Geschäftsgründungen und Start-ups war noch nie so günstig wie heute. Kein Zweifel. Und Beispiele wie Spreadshirt, XING, mymuesli, Facebook oder eBay gibt es zuhauf: Es funktioniert ja. Es ist wirklich heute möglich, als Einzelperson ein Geschäft im Internet aufzubauen, das aufwandsunabhängiges Einkommen generiert. Das muss auch überhaupt nichts Gigantisches sein, es geht auch ganz klein und schlank: weltweiter Verkauf vom heimischen Schreibtisch aus. Produktion: ausgelagert. Service: ausgelagert. Lager und Auslieferung: ausgelagert. Alles automatisiert. Null Kosten! Totale Freiheit! Du brauchst nur einen Laptop und einen Internetzugang und ab geht die Post!

Der Bestsellerautor Tim Ferriss mit seiner »Vier-Stunden-Woche« ist Vorbild und Ratgeber zugleich. Er beschreibt minutiös, wie das alles funktioniert. Man muss scheinbar nur wissen, wie der Hase läuft, und dann wird das Internet zur Rentenzahlungsmaschine.

Ein Buch schreiben? Nichts leichter als das! Dazu braucht man heute nicht einmal mehr einen Verlag. Man gibt sein Manuskript einem der Druckdienstleister, die es dann nach dem Books-on-Demand-Verfahren produzieren. Das Buch wird gedruckt und gebunden, sobald es jemand bestellt. Es muss also gar keine Auflage mehr vorfinanziert und gedruckt werden. Die Hürde ist minimal. Und morgen schon ist das Buch weltweit zu kaufen. Ja, und dann muss es eben nur noch gekauft werden …

Überall kann man die Geschichten von Autoren lesen, die ihr Buch erfolglos den bornierten Verlagshäusern, den verstockten Repräsentanten des Gestern, angeboten haben, nur Absagen eingesteckt haben, um dann das Buch auf eigene Faust zu publizieren und damit einen Bestseller zu landen. Die Verlage scheinen völlig angestaubt zu sein, und die glänzende Zukunft liegt im Self-Publishing. So wird es gepredigt.

Und diese Verheißungen von Glück, Freiheit, Selbstbestimmung und Reichtum fallen natürlich bei all den Menschen auf fruchtbaren Boden, die in der miesen Arbeit versanden oder die abends trotz guter Arbeit mit leeren Augen heimtrotten. Für sie alle ist die Verheißung »Mach dein Ding!« der strahlende Lichtblick.

Das heißt nichts anderes als: Diese Sorte Evangelium, die die neuen, für jeden erreichbaren Märkte beschwört, ist selbst ein großer Markt. Leute machen ihr Ding, indem sie Leuten erklären, wie man sein Ding macht. All die vielen Coaches und Seminaranbieter, all die vermeintlichen Experten und Gurus, die selbst nicht besonders erfolgreich sind, aber all den anderen beibringen, wie es gehen müsste – ein Heer von Blinden, die den Tauben vom Sehen predigen.

Leute machen ihr Ding, indem sie Leuten erklären, wie man sein Ding macht.

Und der Markt ist groß: In den letzten Jahren gab es viele Restrukturierungen in den großen Konzernen. Viele Mitarbeiter wurden mit hohen Abfindungen entlassen. Wir kennen viele gut ausgebildete, fähige Menschen, die in dieser Situation – keine unmittelbare Geldnot und plötzlich viel freie Zeit – die Gelegenheit beim Schopfe gepackt und sich selbständig gemacht haben. Und dabei völlig unterschätzt haben, was und wie viel zu tun ist, um tatsächlich auf eigene Faust erfolgreich zu sein.

Die Realität ist eine kalte Dusche.

Wenn es wirklich so einfach wäre, »sein Ding« zu machen, dann wäre die Welt nicht voll von Leuten, die sich trotz ihrer guten Ausbildung irgendwie am Existenzminimum durchs Leben schlagen. Die Kulturwissenschaftlerin und Journalistin Mercedes Bunz nennt diese Menschen »urbane Penner«: »Wir bevölkern die Cafés mit unseren Laptops. Wir betreiben kleine Läden, in denen wir vorne junge Mode oder minimale Möbel ausstellen. Und wenn man spätabends an den erleuchteten Fenstern unserer Ladenlokal-Büros vorbeigeht, sieht man uns immer noch Design entwerfend hinter den Rechnern sitzen. Wir sind hip, hoch qualifiziert, diffus kreativ und arm.«

Ganz offensichtlich funktioniert das Ganze eben doch nicht so einfach. Der nachhaltige Erfolg will sich partout nicht einstellen. Und das macht die Menschen kein bisschen zufriedener, kein bisschen weniger frustriert, kein bisschen glücklicher als zuvor. Wir dürfen uns von den strahlenden Ausnahmen nicht blenden lassen. »Mach dein Ding!« scheint nicht die Patentlösung zu sein, als die sie verkauft wird. Aber warum nicht?

Ein Heer von Blinden, die den Tauben vom Sehen predigen.

Was fehlt?

Das sicherste Zeichen, dass es nicht funktioniert, ist schlicht der ausbleibende geschäftliche Erfolg: Wenn der Markt die angebotene Leistung kaum honoriert, dann hat sie vielleicht für den Anbieter eine große Bedeutung, aus persönlichen, individuellen Gründen. Aber sie hat keine oder nur geringe Bedeutung für die Welt da draußen.

Außer der psychischen Last des ausbleibenden Erfolgs ist es auch eine ganz praktische Notwendigkeit, dass wir mit unserer Arbeit Geld verdienen müssen, wenn wir damit unsere Existenz selbst finanzieren wollen. Das klingt zwar banal, aber offenbar wird dieses Faktum nur allzu oft hinten angestellt.

Es geht nicht ohne Resonanz des Marktes. Was den erfolgreichen Entrepreneur vom erfolglosen unterscheidet, ist »die Aura des professionellen Gelingens«, wie es unser Autorenkollege Gunter Dueck prägnant beschreibt. – Was der erfolgreiche Entrepreneur anpackt, wird unter anderem auch zu Geld. Wie macht er das? Wie kommt diese Aura zustande?

Der Journalist und Autor Jochen Mai schreibt in seinem Blog *karrierebibel.de:* »Mache, was Du liebst – und das Geld wird dir folgen! Leider ist das jedoch nur die Readers-Digest-Version einer dieser besagten Erfolgsregeln. Ein Exzerpt. Die vollständige Fassung lautet: Mache, was Du liebst, arbeite hart, sehr hart, sei leidenschaftlich, sei zielstrebig, sei offen für Neues, engagiere Dich, mehr als verlangt, sei diszipliniert, hartnäckig, halte durch und arbeite wirklich hart, sogar noch ein wenig härter – und das Geld wird dir folgen!«

Die unschöne Realität ist nun mal, dass das Geld trotzdem NICHT von selbst folgt. Auch und gerade in den Zeiten des Internets gelten immer noch die alten Regeln des Marktes: Angebot und Nachfrage bestimmen den Preis – und ob überhaupt ein Geschäft zustande kommt. Für die Nachfrageseite ist es völlig unerheblich, ob das Angebot dem Anbieter gefällt, der Wurm muss dem Fisch schmecken, nicht dem Angler.

Hart arbeiten? Härter arbeiten? Noch härter arbeiten? Das hört sich schon gar nicht mehr so gut an, schon eher wie die Anforderungen der guten Arbeit. Aber genau dem wollte man doch entfliehen! Wer sich selbständig macht, braucht eine große, sehr große Portion Disziplin, Engagement, Offenheit, Flexibilität, Willensstärke und Fleiß – diese Zutaten sind neben dem Erkennen der eigenen Neigungen (»Das ist mein Ding!«) mindestens ebenso wichtig, um auch die erforderliche Resonanz im Markt zu finden. Neben der Fähigkeit zu träumen, zu entwickeln und schöpferisch kreativ zu sein, braucht ein Unternehmer auch sehr viel Realismus. Er braucht beides. Er brauchte schon immer beides. Und wer den schönen Versprechungen der Internetpropheten vertraut hatte, für den ist diese Erkenntnis eine sehr schwer wiegende.

Das Verrückte ist: Der klassisch Erfolgreiche, der mit guter Arbeit reüssiert, der extrinsisch motiviert ist, wird zwar vom Markt honoriert, er verdient gut und erhält soziale Anerkennung, aber er ist trotzdem frustriert, weil das, was er macht, keine wirklich hohe Bedeutung für ihn selbst hat. Er hat immer öfter das Gefühl, schon längst nicht mehr sein eigenes Leben zu leben, sondern nur noch die von außen an ihn gestellten Erwartungen zu erfüllen. Und der Systemaussteiger, der »sein Ding«

verfolgt, dem fehlt in den allermeisten Fällen die Honorierung des Marktes, der macht zwar, was für ihn selbst sehr hohe Bedeutung hat, aber die Welt ignoriert ihn.

Sie ignoriert ihn aus einer Reihe von Gründen: Bei vielen Mein-Ding-Machern steht oftmals das »Von-weg« im Vordergrund, die Flucht aus dem ungeliebten Alltag des Angestelltenlebens. Aber das »Hin-zu« ist dabei noch gar nicht voll entwickelt, es gibt zwar eine Idee, aber noch überhaupt keinen Plan, wie aus dieser Idee ein marktfähiges Produkt entstehen könnte.

Und zweitens sind Mein-Ding-Macher oft sprunghaft. Sie sind begeisterungsfähig, und jede neue Idee, die irgendwie interessant, spannend oder vielversprechend erscheint, wird mit großem Enthusiasmus angenommen. Das führt dann oft dazu, dass man sich verzettelt, auf zu vielen Hochzeiten tanzt, von allem ein bisschen macht. Wenig überraschend, dass diese Sprunghaftigkeit vom Markt nicht honoriert wird.

Mein-Ding-Macher konzentrieren sich drittens häufig auf die geliebten Aspekte der Arbeit und versuchen, die ungeliebten Aspekte zu vermeiden. Beispielsweise entwerfen sie wunderschöne Konzepte, haben aber keinen Spaß daran, sie umzusetzen. Oder sie entwickeln eine geniale Produktidee, scheuen sich aber vor deren Vermarktung.

Perlen vor die Säue!

Mein-Ding-Macher sind viertens oft von ihrem Werk so überzeugt und haben eine so feste Meinung, dass sie kritikunfähig werden. Wohlmeinendes, wertvolles Feedback wird verärgert zurückgewiesen. Die Kunden scheinen ihnen nie zufrieden zu sein und den eigentlichen Wert ihrer Arbeit nicht zu erkennen: Perlen vor die Säue! Und die Kritiker aus ihrem privaten Umfeld? Sind doch alle nur neidisch!

Sie sind fünftens oft uneinsichtig, wenn es um ihre eigenen Unzulänglichkeiten geht. Keiner kann alles, aber die Mein-Ding-Macher machen gern alles selbst, weil es keiner gut genug machen kann. Wenn ein anderer etwas besser könnte als sie selbst, dann würde das ja auch möglicherweise einen Beweis liefern, dass ihr Ding gar nicht exklusiv nur IHR Ding wäre. Und das wäre für sie schlimm.

Die eigene Geschäftsidee wird zum Universum und die oft komplexen Zusammenhänge des Marktes werden ausgeblendet – eine Form von Kurzsichtigkeit. Die bewirkt sechstens, dass oft hoffnungslose Ideen für umsetzbar gehalten werden, obwohl sie sich bei genauerer Kenntnis des Gesamtzusammenhangs als unrealistisch erkennen ließen. All das macht die Systemaussteiger auf Dauer sehr, sehr unzufrieden.

Noch viel schlimmer als die fehlende Wirtschaftlichkeit ist aber die Auswirkung der ausbleibenden Resonanz auf das Selbstwertgefühl. Wir Menschen sind nun mal soziale Wesen. Die schlimmste, grausamste Strafe, die Eltern ihren Kindern geben können, ist Liebesentzug. Nun sind wir alle zwar keine Kinder mehr und der Markt ist nicht Mama oder Papa. Aber trotzdem brauchen wir neben einer Tätigkeit, die für uns selbst Bedeutung hat, AUCH Anerkennung von außen für unsere Arbeitsergebnisse.

In der Regel beziehen wir aus der Anerkennung unserer Arbeit auch unsere Identität und unseren Selbstwert. Und dieser Effekt ist beim Lebensentwurf nach der Variante »Mach dein Ding!« genauso reduziert wie bei der »miesen Arbeit«. Was gibt es Schlimmeres, als bedeutungslos zu sein?

Was jetzt?

Weder miese Arbeit noch gute Arbeit noch »Mein Ding« sind die Lösung. Was dann?

Es bildet sich ein Muster heraus: Miese Arbeit und gute Arbeit haben eine Gemeinsamkeit: Sie sind extrinsisch motiviert. Und miese Arbeit und »Mein Ding« haben auch eine Gemeinsamkeit: Sie sind von geringer Bedeutung für andere Menschen, dabei ist »Mein Ding« intrinsisch motiviert. Wenn wir das in eine Matrix übertragen wird die Fehlstelle deutlich:

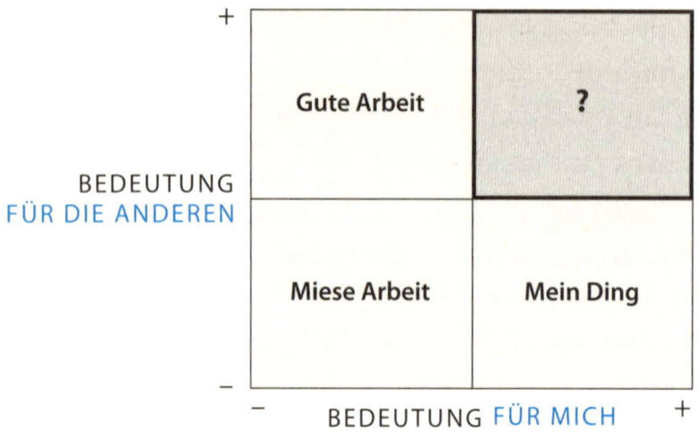

Die »Hört auf zu arbeiten«-Matrix

Auf der linken Hälfte ist »Arbeit« im klassischen Sinne zu finden. Es ist ein Kontinuum zwischen den Polen »Miese Arbeit« und »Gute Arbeit«. Die Arbeit hat für den Arbeitenden nur geringe oder keine Bedeutung. Sie ist entweder eine lästige Pflicht oder eine Pflicht, die gerne und freiwillig angenommen wird, aber sie ist eine Pflicht. Allerdings ist der Unterschied in der Bedeutung für andere gravierend. Miese Arbeit hat nur einen geringen Wert für andere, entsprechend mies wird sie bezahlt. Gute Arbeit dagegen wird vom System honoriert, sie hat für die Welt Bedeutung.

Auf der rechten Hälfte sind Tätigkeiten zu finden, die wir nicht mehr als klassische »Arbeit« bezeichnen. Sie sind intrinsisch motiviert und brauchen keinen äußeren Anreiz. Man ist nicht »Arbeitnehmer«, sondern tut etwas ganz ohne Vertrag – und zwar Tätigkeiten, die für einen selbst Sinn machen und Bedeutung haben.

Aber da fehlt ja noch ein Quadrant!

Das Problem bei der Variante »Mach dein Ding« ist der fast schon singuläre Fokus auf das, was einen selbst glücklich macht. Genau das macht im Endeffekt nicht glücklich, auch wenn das paradox klingt. Die Frage »Was treibt mich an?« ist goldrichtig. Aber wer dabei das Umfeld ausblendet und sich von allen, die diesen Weg nicht mitgehen wollen, unverstanden und missachtet fühlt, zahlt dafür einen Preis: die mangelnde Resonanz des Marktes. Während bei mieser Arbeit die persönlichen Bedürfnisse eindeutig zu kurz kommen, stehen sie bei »mein Ding« zu sehr im Vordergrund.

Das sind also drei Quadranten, drei Lebensentwürfe, die auf Dauer Individuen nicht glücklich machen. Und die außerdem auf Dauer auch Unternehmen nicht zukunftsfähig und Gesellschaften nicht lebenswert machen.

Aber da fehlt ja noch ein Quadrant!

Und genau das ist der Lebensentwurf, der aus zwei klaren Negationen entstanden ist. Alle großen, vielbeschworenen Entrepreneure, von Anita Roddick, Dietmar Hopp und Steve Jobs über Richard Branson bis Elon Musk, alle Menschen, die wir kennen, die sich selbst eine tragfähige Existenz aufgebaut haben, alle Menschen, die tun, was sie wollen, deren Tun aber gleichzeitig bedeutsam für andere Menschen ist, haben ZWEIMAL NEIN gesagt:

Sie haben erstens aufgehört zu arbeiten.

Und sie haben zweitens nicht »ihr Ding« gemacht.

Was entsteht, wenn man konsequent bei diesen beiden Negationen bleibt, das kennen wir selbst sehr gut: So wie es für uns kaum etwas Schlimmeres gäbe, als bei einem Vortrag, den wir halten, in leere Augen zu schauen, so großartig wird unsere Tätigkeit dann, wenn wir unsere Botschaft platziert und Energie ausgestrahlt haben, die greifbar war, und in gleichem Maß Energie von unserem Publikum zurückbekommen haben. Das bringt unsere Augen zum funkeln – und dieses Funkeln springt wiederum auf das Publikum über! Wir kennen nichts Großartigeres, als etwas zu tun, was für uns selbst größte Bedeutung hat, das aber außerdem andere Menschen inspiriert, ansteckt, infiziert. Dann spüren wir die Resonanz zwischen uns und unserem Publikum geradezu körperlich. Es ist eine Schwingung, die aus der Übereinstimmung der Bedeutung für uns und der Bedeutung für die Menschen entsteht.

Ansteckende Begeisterung! Selbstverständlich hatte Gottlieb Daimler das gleiche Funkeln in den Augen, als sein Motorwagen das erste Mal losknatterte – genauso wie heute Autoliebhaber auf der ganzen Welt, die mit leuchtenden Augen vor dem SLS-Flügeltürer stehen. Selbstverständlich hatten Steve Jobs und sein Chefdesigner Jonathan Ive das Funkeln in den Augen, als sie im Designlabor den Prototypen des iPad in der Hand hielten – genau das gleiche Funkeln wie die Millionen von begeisterten Anwendern. Selbstverständlich hatte Frank Gehry das Funkeln in den Augen, als er das Modell des Guggenheim-Museums in Bilbao anschaute – das gleiche Funkeln wie Millionen von Besuchern, die sich an dem Gebäude nicht sattsehen können.

Solche Tätigkeiten sind bedeutsam! Sie sind es dann, wenn der, der sie tut, das Funkeln in den Augen hat – und seine Kunden, sein Publikum, seine Anwender auch.

Das ist die Lösung. Und sie bedeutet keineswegs, dass Sie eine Ausnahmeerscheinung wie Gottlieb Daimler, Steve Jobs oder Frank Gehry sein müssen …

Kapitel 8

Hört auf zu arbeiten!

Moment, Moment, Moment!

Aufhören zu arbeiten? Ausstieg aus dem System? Sich so sehr für etwas begeistern, dass der »Funken« überspringt?

Was heißt denn das konkret? Ist das nicht ein idealistisches und realitätsfernes Gedankengebäude, das auf Sand und abschüssigem Untergrund errichtet werden soll?

Es mag ja sein, dass keine der drei Varianten miese Arbeit, gute Arbeit und »mein Ding« für den Durchschnittsmenschen und das Nicht-Genie perfekt ist. Aber dann gleich die Brocken hinwerfen? Aussteigen? Das »System« aus konventioneller Bildung und konventioneller Arbeit hinter sich lassen und mit wehenden Fahnen in die Freiheit stürmen?

Unterm Strich

Rekapitulieren wir und schauen wir noch mal genauer hin.

Erstens: Die miese Arbeit sollte jeder reduzieren, wo es nur geht, so viel ist klar. Das sind fremdbestimmte Tätigkeiten, die auf Dauer destruktiv wirken. Diese Tätigkeiten machen demjenigen, der sie ausführt, nicht die geringste Freude. Ganz im Gegenteil: Miese Arbeit laugt aus und ist eine Verschwendung von Energie und Lebenszeit. Ganz vermeiden lässt sie sich meistens nicht, also muss man sie anreichern, ausdünnen, interessanter machen, automatisieren und so weit es geht einschränken. Dass wir alle von ihr wegstreben, ist Konsens. Daran können wir getrost einen Haken machen.

Zweitens: Die gute Arbeit ist vertraute, nützliche und produktive Arbeit. Aber sie lässt bei aller Professionalität, bei allem Können und bei all der guten Ausbildung unsere Augen nicht funkeln. Denn sie basiert in ihrem Kern auf einem Deal. Und dieser Deal heißt Arbeitskraft gegen Geld. Dennoch fühlt sich gute Arbeit nicht schlecht an. Wir sind schließlich erfahren darin, erledigen sie gut und zuverlässig, und sie bringt uns im Alltag viele Vorzüge und Annehmlichkeiten. Gute Arbeit wird vom System honoriert.

Was wir jedoch immer schmerzhafter merken, ist, dass die gute Arbeit nicht mehr wirklich zu unseren eigenständigen, komplexen und anspruchsvollen Persönlichkeiten und Bedürfnissen hier und heute passt. Nicht nur die miese Arbeit, auch die gute Arbeit laugt mit der Zeit aus, wenn auch auf einer höheren Ebene und im Rahmen eines komfortablen, materiell abgefederten Lebens. Sie basiert auf dem Höher-schneller-weiter-Anreiz und lässt uns ewig rennen, aber nie ankommen. Deswegen: Wir suchen eine Alternative dazu!

Drittens: Die Alternative, »mein Ding« zu machen, bedeutet nichts weiter, als zu versuchen, ohne Netz und doppelten Boden, also ohne sichernden Vertrag, auf eigene Faust im System eine Nische zu finden. IM System!

Der Antrieb zu dieser Entscheidung ist nicht zu kritisieren, nein, er ist zu begrüßen, zu loben, zu fördern: Diese Menschen wollen endlich glücklich sein! Und sie haben vollkommen recht, wenn sie der Meinung sind, dass niemand glücklich und erfüllt leben kann, ohne eine alltägliche Aufgabe zu haben, in der sich die individuelle Persönlichkeit ausdrücken kann, die einem liegt, die die höchst eigenen Talente und Fähigkeiten möglichst umfassend zur Wirkung kommen lässt. Den Stolz auf das eigene Werk kompromisslos zu verfolgen, sich zu fragen: »Was treibt mich an?« – das ist die richtige Spur.

Nur leider: Wer beim Versuch, sich selbst glücklich zu machen, die Welt um sich herum vergisst, wer versucht, sich von der Welt um sich herum unabhängig zu machen, um glücklich zu sein, der hat damit paradoxerweise den Grund für sein Unglück gelegt, denn er wird sich früher oder später unverstanden, missachtet, abgeschnitten fühlen.

Was fehlt? – Die Resonanz mit der Welt, mit den anderen Menschen! Wir sind nun mal keine voneinander unabhängige Monaden, sondern soziale Wesen. Wenn sich kaum jemand für mein Werk interessiert und nur die allerwenigsten die Ergebnisse meiner Arbeit brauchen, schätzen, kaufen wollen, dann kann »das Ding« noch so sehr meines sein, es macht mich nicht glücklich. Oder ganz profan gesagt: Wenn es für die Ergebnisse meines Tuns keinen Markt gibt, ist alle Müh vergebens.

Wenn es für die Ergebnisse meines Tuns keinen Markt gibt, ist alle Müh vergebens.

»Mein Ding« ist ein Missverständnis. Glück entspringt nicht allein dem Inneren eines Individuums. Es ist auch nicht allein im Außen herzustellen. Unmöglich! Glück und Erfüllung sind letztlich nichts anderes als das Ergebnis einer gelungenen Integration von Innen und Außen.

Wenn also weder immer mehr gute Arbeit noch »dein Ding« die Lösung ist, wenn also innerhalb des bestehenden Systems weder mit fleißiger, kompetenter Konformität noch auf eigene Faust das Glück winkt, ja dann bleibt doch am Ende nur noch eins: Hör auf zu arbeiten! Raus aus dem System!

Ich bin raus!

Ein einsamer Wanderer durchpflügt die Eiswüste. Aus dem Off eine kultivierte, angenehme, leicht spöttische Stimme: »An alle High Potentials und Key Performer … Global Player und Opinion Leader … an Deep Diver und Innovation Driver, an alle Indoor Stepper und Power Napper …, alle Urban Gardener und Facebook Farmer … an alle Laufbandläufer und Proteindrink-Trinker, alle Insider und Upgrader … an euch Meilen-Millionäre: Macht erst mal ohne mich weiter!«

Eingeblendet: »Ich bin raus.«

Die Werbeprofis von Ogilvy & Mather Advertising, die 2012 diesen TV-Spot für die Outdoor-Bekleidungsfirmal Schöffel produziert haben, wussten genau, worauf sie zielen und wie der Zeitgeist tickt. Für uns steht seit dem gigantischen Verkaufserfolg des Buches *Ich bin dann mal weg* von Hape Kerkeling fest, dass ein großer Teil der arbeitenden Bevölkerung in sich den Wunsch verspürt, auszusteigen – »mal weg« zu sein. Die Renaissance des Science-Fiction- und des Fantasy-Genres in den Buchhandlungen und in Hollywood, von *Herr der Ringe* über *Avatar* bis zu den Marvel-Comic-Verfilmungen, der Boom der SUV-Autos in der gesamten westlichen Welt … viele Trends in unserer Gesellschaft lassen sich deuten als eskapistische Tendenzen, als Verwandlungen, Projektionen und Spiegelungen des »Ich bin raus!«.

Und es funktioniert ja auch in der Wirklichkeit. Nicht nur als Projektion. Es gibt auf der Welt verstreut viele Inseln der Autarkie, wo es möglich ist, außerhalb des Systems zu leben. Wer es ernst nimmt – ob als sich selbst versorgender Bauer in Neuseeland, als Hippie auf La Gomera oder im ägyptischen Dahab, als Ashram-Bewohner in Indien oder im Kloster in Irland –, der verabschiedet sich vollkommen vom Konsum. Der verneint die typisch westlichen materiellen Werte. Der versorgt sich selbst mit allem, was er zum Leben braucht, und das ist nicht viel. Der zahlt keine Rechnungen mehr, weil er keine mehr erhält. Der verzichtet auf die Geldwirtschaft und kehrt zurück zum Tauschhandel.

Ob als sich selbst versorgender Bauer in Neuseeland oder als Hippie auf La Gomera …

Das gibt es. Das geht. Und das macht viele Menschen glücklich und zufrieden. Man muss nur konsequent sein und die Autonomie durchziehen! So wie Annie.

Bevor wir Annie vor ungefähr fünfzehn Jahren in England kennenlernten, hatten wir noch nie etwas von Tom Hodgkinson gehört und hatten nicht die blasseste Ahnung, was die »Idler«-Bewegung (»Müßiggänger«) ist. Annie trug ein T-Shirt mit dem Aufdruck »Work Kills!«. Ihr Haus war eingerichtet wie die Villa

Kunterbunt. Ihr Lifestyle kam uns irgendwie charmant vor – aber auch reichlich chaotisch. Sie gab uns ein paar Einblicke in ihren Alltag, als wir im Rahmen unserer Englandreise drei Tage bei ihr in Oxford übernachteten.

Als wir sie auf ihr T-Shirt ansprachen, erzählte sie uns, dass sie eine Anhängerin der »Idler« war. Erst einige Zeit später fiel uns das Buch *Anleitung zum Müßiggang* in die Hände, das der Kopf der Idler-Bewegung, Tom Hodgkinson, verfasst hat. Das Buch ist im Grunde eine recht vergnüglich zu lesende Geschichte der Faulheit. Ein Lob des Nichtstuns. Ein Plädoyer für eine immerwährende Siesta, das den Wert einer schönen Tasse Tee erklärt und Lust macht, die Seele baumeln zu lassen. Das Buch ist mit spitzer Feder geschrieben, charmant, schmunzelnd, ironisch, wirklich intelligent gemacht. Und so ist die ganze Idler-Bewegung.

Hodgkinson ist der Überzeugung, dass sich die Menschen zuallererst darum kümmern sollten, dass es ihnen selbst gut geht. Und das ist mit einfachsten Mitteln möglich: Zeit haben, gute Bücher lesen, schöne Musik hören, leckeren Tee trinken, Tomaten pflanzen, Rosen schneiden, einen Zaun bauen, Bier brauen, Angeln gehen, eine Flöte schnitzen. Zum einfachen, schönen Leben der Idler gehört auch, dass man den Konsum so weit wie möglich einschränkt. Anstatt Dinge zu kaufen, sollte man wieder selbst Dinge produzieren, in Handarbeit und ganz nach Neigung und Talent. Und in aller Ruhe.

Die Philosophie, die Hodgkinson vertritt, ist durchaus schlüssig, reizvoll und spannend. Seine Form der Faulheit ist kein dekadentes Herumfläzen, sondern eine rebellische, aufmüpfige, spitzbübische Faulheit, die en passant immer das System des gesellschaftlichen Standard-Lebens als Zielscheibe hat und lauter kleine giftige Pfeile in Richtung Otto-Normal-Verbraucher abschießt. Er spießt die entfremdende »gute Arbeit« auf, die moderne Lohnsklaverei, die fremdbestimmten Nine-to-Five-Jobs, die kilometerfressenden Pendlerschicksale, die dummen Mee-

»Work Kills!«

tings, den Konsumterror mit Sonderangeboten, Billigprodukten und dümmlicher Werbung. »Hört auf zu jammern! Kündigt eure Jobs! Arbeitet frei oder in Teilzeit, aber so wenig wie möglich! Lernt ein Handwerk! Gründet ein Geschäft! Baut Gemüse an! Zerschneidet eure Kreditkarten! Zieht aufs Land, da ist es billiger!«

Die Idler-Bewegung ist nicht platt eskapistisch, sondern vielschichtig und philosophisch begründet. Für Hodgkinson ist die Reformation der eigentliche Übeltäter, denn sie brachte den Vormarsch des protestantischen, calvinistischen Arbeitsethos mit sich. Während der industriellen Revolution habe dieses Verständnis von Leben und Arbeiten dazu geführt, dass eine neue, disziplinierte Schar von Arbeitern für die Fabriken geformt wurde. Das Bildungssystem, wie wir es heute vorfinden, war hierfür ein treuer Gehilfe.

Diese Analyse finden wir einleuchtend. Wir hatten den Eindruck, dass dieser Mann auf sehr pfiffige, sympathische Weise unserer Gesellschaft den Spiegel vorhält. Sein Buch hat uns angeregt, tiefer nachzudenken über das, was wir selbst täglich tun, und das, was wir täglich in den Unternehmen sehen, die wir besuchen, und von den Menschen hören, mit denen wir sprechen.

Aber es kommt darauf an, was man aus dieser Erkenntnis macht.

Als Gegenentwurf präsentiert Hodgkinson das Leben der mittelalterlichen Mönche und Zunftgemeinschaften. In Ländern wie Italien oder Deutschland entstanden damals selbstbestimmte Kommunen, in denen die Arbeit in Zünften organisiert wurde. Diese Gemeinschaften setzten auf das Prinzip kollektiver Kreativität sowie Mitbestimmung. Ein Zuviel an Arbeit und Überstunden wurden abgelehnt, da Arbeit an Sonn- und Feiertagen als Zeichen für mangelnden Glauben an Gottes Vorhersehung aufgefasst wurde.

Hodgkinson sieht in diesen Zünften antikapitalistische Systeme, da die Zinswirtschaft äußerst kritisch betrachtet wurde.

Nicht die Gewinnmaximierung, sondern der Gedanke der Brüderlichkeit war vorherrschend. Sie waren geprägt von der aristotelischen Ethik, die den Genuss zum Grundsatz hatte.

Hmm. Das Mittelalter verklären? Das Rad der Geschichte rückwärts drehen? Zurück zu alten Zeiten? Zünfte?

Wir klappten das Buch zu und hatten den Eindruck: Das bringt uns keinen Schritt näher zur Lösung!

Bei aller Brillanz und Verschmitztheit der Analyse: Die Verklärung des Mittelalters finden wir naiv. Die Idler-Bewegung und ihr Hohepriester der Faulheit, Tom Hodgkinson, sind alles andere als dumm. Der Begriff »Faulheit« ist als kreative Faulheit gemeint, die mit klugem Konsumverzicht einhergeht. Hierbei ist vieles höchst bedenkenswert. Wir teilen auch seine kritische Haltung zur modernen Arbeitswelt. Aber dann muss es weitergehen, nicht zurück ins Zeitalter der Zünfte!

Ist es nicht eher so, dass wir durch diese Zeit der Industrialisierung hindurchgehen mussten, um jetzt und heute überhaupt so etwas wie ein Mönchsleben 2.0 entwickeln zu können? Was die Idler ablehnen, ist eigentlich ihre Voraussetzung. Wer aussteigen will, muss zuerst mal eingestiegen sein. Und das macht uns den Ausstieg als Patentlösung suspekt. Bei genauerem Hinsehen hat es etwas leicht Überhebliches, die Segnungen der Industrialisierung zu genießen, beispielsweise freiberuflich via Internet arbeiten zu können, eine Zeitschrift im Desktop-Publishing-Verfahren auf modernen Computern zu setzen und im Digitaldruckverfahren kostengünstig drucken zu lassen, während man darin gleichzeitig die Industrialisierung ablehnt.

Wer aussteigen will, muss zuerst mal eingestiegen sein.

Die Idler wollen nicht konsequent rückwärtsgewandt leben wie die Amish in den USA, die sogar elektrischen Strom ablehnen. Unsere Gastgeberin Annie in Oxford genoss die Segnungen der Müllabfuhr, sie kaufte ihre Zahnbürste im Drogeriemarkt und hatte auch einen Fernseher. – Nein, das ist kein echtes Aussteigen, sondern nur eine clever eingerichtete Nische.

Bei genauerem Hinsehen wird klar: Sich wirklich konsequent von der modernen Gesellschaft zu distanzieren wäre so aufwändig und anstrengend, dass von Müßiggang keine Rede mehr sein könnte …

Da muss es eine andere Lösung geben.

Game over

Für uns kommt es nicht in Frage, die Industrialisierung schlechtzureden. Wir respektieren und würdigen das Zeitalter der Fabriken. Aber wir verklären es nicht. Und verlängern wollen wir es auch nicht. Wir stehen auf den Schultern von Riesen, und wir denken nicht daran, über den Rücken des Riesen wieder hinunterzuspringen auf den harten Boden der letzten Jahrhunderte. Wir suchen die Brücke ins nächste Jahrtausend, wir wollen nach vorne, nicht zurück.

Die Welt ändert sich so radikal, dass wir das bewährte, gewohnte, gewöhnliche Leben und Arbeiten nicht weiterverfolgen können. Wir können aber auch nicht so einfach aussteigen. Es mag Menschen geben, die das mehr oder weniger konsequent durchziehen. Und wir finden das keineswegs eine schlechte Lösung. Aber für uns ist es nicht das Richtige.

Wir glauben an das Individuum!

Wir fragen uns vielmehr, ob es nicht eine gute Idee wäre, das Positive der Idler-Bewegung, die clevere Analyse, den wehrhaften Optimismus und die fröhliche Verschmitztheit aufzugreifen – ohne dabei die naive Rückwärtsgewandtheit mitzuschleifen? Können wir das alles nicht auf eine neue Ebene heben?

Unserer Überzeugung nach: Ja! Das geht!

Anstatt innerhalb des Systems zu resignieren, anstatt aus dem System auszusteigen, gibt es noch eine weitere Möglichkeit: Wir können das System verändern und weiterentwickeln! Wir glauben nicht an die große Revolution, die kollektive Ablösung des Kapitalismus, wie im Schatten der gegenwärtigen

Wirtschaftskrisen schon viele munkeln. Wir glauben an das Individuum! Wie wäre es, wenn Sie aufhören würden, das System zu akzeptieren, wie es ist – und stattdessen anfangen würden, es zu verändern? Jeder für sich und in seinem Umfeld. Und ohne den Job aufzugeben!

Für Hunderte von Jahren erhielt der größte Teil der Bevölkerung Lohn und Brot dafür, fleißig und gehorsam zu sein und die Anweisungen »von oben« in Gestalt des Lehrers, des Professors oder des Chefs zu befolgen. Das Problem ist nur, dass heute der damit verbundene stillschweigende Vertrag nicht mehr länger gültig ist.

Von uns allen wird heute etwas ganz anderes verlangt als Gehorsam. Wir haben nur dann eine Zukunft, wenn wir beginnen, sie zu bauen – und zwar innerhalb unseres Einflussbereichs.

Wir sind davon überzeugt, dass wir lernen können, anders zu arbeiten, auf andere Weise einen viel größeren Beitrag zum Großen und Ganzen zu leisten – und dabei durchaus mehr zu geben und anzubieten als heute. Viel mehr! Allerdings ohne dabei immer höher-schneller-weiter zu rennen.

Wir glauben fest daran, dass Wirtschaft bunt, aufregend, ansteckend und energiegeladen sein kann – wenn wir selbst sie dazu machen. Wir glauben, dass jeder die Wahl hat, Hauptdarsteller an seinem Arbeitsplatz zu sein – statt Requisit mit Pulsschlag. Wir glauben, dass wir alle uns gegenseitig mit dem Virus namens Leidenschaft infizieren können – und dass diese Infektion die ganze Wirtschaft verändern kann.

Wir glauben, dass jeder Hauptdarsteller an seinem Arbeitsplatz sein kann – statt Requisit mit Pulsschlag.

Wir glauben nicht, dass Anpassung glücklich macht, wir glauben nicht, dass wir uns weiter dem System der Fabrikarbeit unterwerfen müssen – sondern wir glauben, dass wir fähig sind, die Arbeitswirklichkeit an unsere eigenen Bedürfnisse anzupassen.

Noch nie haben die Angepassten die Welt verändert. Ja-Sager bewegen gar nichts. Bedenkenträger tragen jede gute Idee zu Grabe. Besserwisser wissen immer besser, wie man allem Neuen das Leben schwermacht. Die Geschmeidigen kommen zwar nach oben – aber dieses Oben ist uns schal geworden. Die Ewiggestrigen verbünden sich mit den Rückwärtsgewandten, lassen die guten alten Zeiten wieder aufleben und halten fest an allem, was sich bewährt hat – während wir uns Neuem zuwenden.

Wir sind leidenschaftlich davon überzeugt, dass es jeder von uns in der Hand hat, die Arbeit nach Fabrikschnittmuster niederzulegen – ohne seinen Job zu kündigen! Dass jeder von uns aus dem Kreislauf von Erfolgsanreiz, Karriereschritt, Konsum, Erfolgsanreiz, Karriereschritt, Konsum ausbrechen kann, ohne gedanklich ins Mittelalter zurückzukehren.

Wir glauben, dass es wichtiger ist zu fragen, wer wir sein wollen, als zu fragen, was wir tun sollen. Und wir glauben, dass wir dann, wenn wir diese Frage ernsthaft beantworten, die Macht haben, die beste Version unserer selbst zu werden. Und dabei etwas zu schaffen, das größer ist als wir selbst und nicht nur für uns, sondern auch für andere Menschen bedeutsam ist.

Wir glauben, dass wir alle die Fähigkeit haben, uns ein besseres Leben zu schaffen, wenn wir aufhören zu arbeiten und anfangen, etwas Bedeutsames zu tun. Etwas, das wirklich zählt. Am selben Ort wie bisher. Mit denselben Kollegen, in demselben Unternehmen, mit denselben Kunden. Wir sagen nicht: Tut etwas anderes! Wir sagen: Tut es anders!

Wir können weiter nach den alten Regeln spielen. Oder die neuen Regeln selbst bestimmen.

Wir haben die Wahl.

TEIL III

ANFANG

Kapitel 9

In Resonanz

Ein Gewitter entlädt sich krachend, urgewaltig, ungezügelt nahe der Frankfurter Commerzbank Arena. Übles Wetter. Starkregen. Blitzschlag vor dem Nachthimmel. Aber das eigentliche Gewitter findet im Innern des Stadions statt, wo dieselbe pure Energie, in Musik verwandelt, Tausende Menschen elektrisiert.

Wir sind auf dem Konzert von Bruce Springsteen.

Eigentlich sind wir gar keine eingefleischten Springsteen-Fans. Oder: waren es vor diesem Konzert noch nicht. Die Konzertkarten haben wir nur gekauft, weil Freunde uns eindringlich nahegelegt hatten, dass wir den »Boss« unbedingt mal live erleben müssten. Na gut, dachten wir, warum nicht? Und dann das! Dieser über 60-Jährige entfesselt eine emotionale Wucht, die uns fast die Ränge hoch fegt.

Nach dem ersten Song ist sein Hemd schweißnass, nach dem zweiten kleben die Haare, nach dem dritten hat seine Hose die Farbe gewechselt – und was nun noch zweieinhalb Stunden so weiter tobt, beschrieb die *FAZ* hinterher so: »Dann bekommt die Gitarre wieder Saures und nach einem weiteren musikalischen Halbmarathon möchte man, energetisch schon bis an den Rand aufgeladen, Springsteen fast schon zügeln, er hat ja noch eine ordentliche Tournee vor sich. Aber das würde seiner Botschaft den nötigen Nachdruck nehmen: Es wird so lange Rock'n'Roll gespielt, bis der Boss kaputt ist und auch der letzte kapiert hat, was ein Mensch leisten kann, wenn er mit Leidenschaft und Menschenfreude bei der Sache ist, kurz: wenn der Wahnsinn Methode bekommt, mit dem allein die Welt zu verändern ist ...«

Dieses Konzert hat unsere Maßstäbe verschoben. Das Wort »Leidenschaft« wurde in unserem Wortschatz neu implementiert. Seit diesem für uns legendären »Springsteen-Moment«, dieser Bündelung unglaublicher emotionaler Kraft, dieser mitreißenden Energie, gepaart mit diesem fulminanten Arbeitsethos (drei Stunden gerockt, keine Pause, keine Vorband, Zugaben ohne Ende), seitdem sehen wir die Welt, das Leben und insbesondere die Arbeit ein Stück weit mit anderen Augen.

Die Frage stand plötzlich im Raum: Wie sähe die Welt aus, wenn mehr Menschen ihre »Jobs« mit einer ähnlichen Leidenschaft machen würden wie dieser Mann, der seit über 30 Jahren auf der Bühne steht? Wie sähe die persönliche Situation vieler Menschen aus, wenn sie, anstatt Routinen auszuführen, einfach alles geben würden, so wie er? Wie stünden die Unternehmen da, wenn deren Mitarbeiter ähnlich begeistert und begeisternd tun würden, was sie täglich tun?

Die Realität ist vor diesem Hintergrund so ernüchternd wie eine kalte Dusche. Wie viele Springsteens kennen wir denn in der Welt der Wirtschaft, die Menschen derart mit purer Energie anstecken? Und damit meinen wir gar nicht nur die Chefs …

Radically thrilling

In unserem Blickpunkt steht auch gar nicht, was Unternehmen oder ihre Chefs tun oder lassen sollten. Wir glauben nicht, dass sich Begeisterung und Leidenschaft anleiten, anreizen oder anordnen lassen. Das funktioniert so nicht. Also macht es für uns auch keinen Sinn, nur nach neuer Führung, neuen Managementwerkzeugen oder neuen organisatorischen Standardlösungen zu rufen. Letztlich kondensiert sich alles zu nur einer Frage: Was mache ICH? Ich als Individuum? Ich in diesem real existierenden System, in meinem aktuellen Job, mit meinem Unternehmen, meinem Chef, meinen Kollegen, meinen Kunden, in dieser Wirtschaft, in diesem Land? Ich als Teil meiner Lebenswirklichkeit?

Was verändere ich? Nicht: Was sollte sich mal dringend ändern … Es ist keine Systemfrage, sondern eine Sache der Einstellung, der inneren Haltung. Bei der Suche nach Antworten auf die Frage, was wir ändern sollten, anstatt so weiterzuarbeiten wie bisher, fokussieren wir uns darum ausschließlich auf den einzelnen Menschen – also auf Sie!

Wie viele Springsteens kennen wir denn in der Welt der Wirtschaft?

Wenn wir wollen, dass sich etwas ändert (individuell und kollektiv), müssen wir selbst bewirken, dass etwas geschieht, und können nicht darauf warten, dass jemand anders etwas ändert oder dass es von selbst geschieht. Forderungen an andere sind oft so legitim wie folgenlos.

Wenn wir ernst machen wollen mit gesellschaftlichen Veränderungen, dann beginnt alles mit uns selbst und unserer inneren Haltung. Wer beispielsweise respektiert werden will, sollte sich zuerst selbst in Respekt üben, oder wer gleichberechtigt sein will, der sollte selbst niemanden benachteiligen. Und wohlgemerkt: Das ist bedeutend anspruchsvoller als die öffentliche Forderung!

Wer eine erfüllendere Arbeitswelt haben will, der sollte sich also zuerst darum kümmern, selbst mehr Bedeutsames zu tun. Wir haben die Freiheit zu wählen. Wollen wir uns dem Maß der Dinge unterwerfen oder wollen wir selbst das Maß aller Dinge sein? Und wir können nicht das Maß aller Dinge sein, wenn wir nicht etwas haben, an dem wir uns selbst messen können.

Alles beginnt damit, dass wir mehr Verantwortung dafür übernehmen, wie wir leben und arbeiten wollen. Jeder Einzelne muss sich fragen, inwieweit er sich dem gesellschaftlichen Druck einfach unterwerfen will. Wenn uns doch mittlerweile klar geworden ist, dass persönlicher Erfolg mehr ist, als einfach nur immer mehr zu arbeiten und immer noch mehr, wenn wir doch mittlerweile wissen, dass mehr Geld und immer noch mehr Geld keine Erfüllung bringt, dann muss konsequenterweise persönlicher Erfolg neu definiert werden!

Persönlicher Erfolg ist mehr als immer nur mehr. Persönlicher Erfolg ist Wachstum, allerdings qualitatives Wachstum statt X Prozent plus. Persönlicher Erfolg ist sinnvolles Wirken statt nur tun, was man zu tun hat. Persönlicher Erfolg ist Bedeutsames zu tun statt nur Arbeit zu erledigen. Persönlicher Erfolg, so wie wir ihn verstehen, drückt sich darin aus, was wir in unserem eigenen Leben UND im Leben der anderen Menschen bewirken. Bruce Springsteen formulierte es in einem Fernsehauftritt in der amerikanischen Talksendung von David Letterman so: »I'm pretty good in finding stuff that is meaningful for my fans.« – Besser kann man es nicht ausdrücken! Der Erfolg besteht in der Bedeutung für die anderen, im gelieferten Wertbeitrag. Und ein »erfüllender Erfolg« wird es dann, wenn das, was Bedeutung für die anderen hat, genau das ist, was für mich selbst Bedeutung hat.

Individuum? Einstellung? Erfolg? Erfüllung? – Nein, keine Sorge, wir steuern in diesem letzten Teil des Buches nicht auf einen individuellen Erfolgsratgeber zu. Wir stehen solchen Büchern sehr reserviert gegenüber, denn es gibt unserer Meinung nach keine allgemein gültigen Lösungen für individuelle Probleme. Wir sind davon überzeugt, dass jeder von uns seinen eigenen Weg finden sollte. Aber wir sind auch der Überzeugung, dass die Landkarte, auf der der Weg zu finden ist, für uns alle ziemlich ähnlich sein wird, auch wenn wir uns für verschiedene Wege entscheiden.

Die Landkarte sieht so aus:

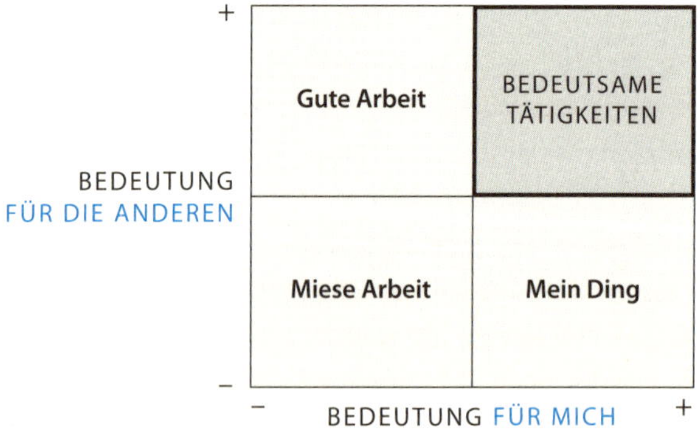

Die »Hört auf zu arbeiten«-Matrix

Das Gebiet auf der Landkarte, in das hinein wir unseren individuellen Weg finden sollten, ist der Quadrant oben rechts. Wenn wir unser Leben immer tiefer in diesen Quadranten hineinsteuern wollen, dann müssen wir – abstrakt und ganz schlicht gesagt – unser Tätigkeitsportfolio so verändern, dass die bedeutsamen Tätigkeiten sukzessive mehr Raum bekommen. Also in verstärktem Maße Dinge tun, die Bedeutung für uns selbst haben und uns von innen heraus motivieren. Also step by step aufhören zu »arbeiten«!

Mit dieser Erkenntnis konzentrieren wir uns auf die rechte Hälfte der Matrix. Das genügt aber noch nicht. Wir sollten gleichermaßen verstärkt Dinge tun, die Bedeutung für andere Menschen haben, also nicht einfach nur unser Ding machen. Der alleinige Fokus auf unsere eigene Erfüllung, die »Selbstverwirklichung«, ist nicht der Pfad ins Glück. Der Effekt, den wir außerdem brauchen und den es nur oben rechts in der Matrix gibt, nennt sich: Resonanz. Dieses Phänomen macht aus Arbeit bedeutsame Tätigkeiten und aus uns die beste Version unserer selbst.

Lassen Sie uns einmal wagen, uns in dieses unerforschte Terrain ein Stück weit vorzuarbeiten und zu beschreiben, was wir sehen: Was sind bedeutsame Tätigkeiten?

Bedeutsame Tätigkeiten zeichnen sich durch einen hohen Grad an Selbstbestimmung aus, werden als persönlich sinnvoll wahrgenommen und liefern einen Wertbeitrag für etwas, für eine Sache oder für andere Menschen. Bedeutsame Tätigkeiten inspirieren, lassen uns wachsen und fordern uns heraus. Sie sind die Quelle tiefer Zufriedenheit und laden uns mit positiver Energie auf, die von innen kommt und nach außen hin spürbar ist.

Der Effekt, den wir außerdem brauchen: Resonanz.

Im Einzelnen, eins nach dem anderen:

Selbstbestimmung bewirkt, dass aus Zwang Freiheit wird, aus Notwendigkeit Möglichkeit und aus Passivität Aktivität.

Selbstbestimmung ist nicht gleichbedeutend mit Unabhängigkeit. Es ist vielmehr eine freiwillige Zustimmung zu bestimmten Abhängigkeiten, ein Handeln trotz der Möglichkeit, auch anders zu wählen. Selbstbestimmung bedeutet, Verantwortung für diese Wahl zu übernehmen.

Sinnvoll sind bedeutsame Tätigkeiten auf jeden Fall, aber das heißt nicht, dass sie die Welt retten müssen. Man muss nicht gleich die Armut auf der Welt beseitigen, ein Mittel gegen Krebs entwickeln oder Diktaturen bekämpfen. Was entscheidend ist: dass wir selbst das Gefühl haben, mit unserer Arbeit einen Unterschied zu machen, und wenn auch nur in einem kleinen Rahmen und für wenige Menschen. Bedeutsame Tätigkeiten geben uns das Gefühl, etwas zu tun, was uns wichtig ist, und Zielen verpflichtet zu sein, die uns persönlich am Herzen liegen. Das ist allerdings keine Aussage über die Größe und Sichtbarkeit dieser Ziele.

Einen Wertbeitrag zu liefern für eine Sache oder für Menschen, also Bedeutsames auch für andere zu tun, bedeutet, dass insbesondere die Kunden und der Arbeitgeber das Vortreffliche des Geleisteten sehen und das auch monetär honorieren. Bedeutsame Tätigkeiten sind also nie brotlose Kunst, Perlen vor die Säue oder verborgene Wohltaten. Sie sind erst dann von Bedeutung, wenn es eine Form von Resonanz gibt, eben auch (aber nicht nur) in Form von Geld.

Resonanz ist das entscheidende Symptom dafür, dass es sich nicht einfach nur um Arbeit nach dem alten Vertragsmuster des Industriezeitalters handelt: Nur Tätigkeiten, die auch anderen etwas bedeuten, erfahren Resonanz, alles andere verpufft. Alles, was keinerlei Resonanz erhält, lebt nicht, ist nicht von Dauer, hat keine Zukunft.

Das zweite Symptom ist das, was wir im Stadion in Frankfurt beim urknallartigen »Springsteen-Moment« erlebt hatten: Energie. Bei Tätigkeiten, die jemand ausführt, weil sie für ihn persönlich wichtig sind, und die auf Resonanz stoßen, passiert etwas sehr Schönes: Es kommt mehr Energie zurück, als man hineinsteckt! Also ist man bereit, noch mehr hineinzustecken. Also kommt noch mehr zurück. Also … Die Wellenlänge passt, und das ganze System schaukelt sich hoch, die Amplituden überlagern sich und die Schwingungen explodieren: Ab dann wird die Bedeutsamkeit für alle greifbar, sichtbar, spürbar.

Und bedeutsam ist so viel mehr als nur »nützlich«! So viel mehr als nur »zweckdienlich«! – Wir wollen, dass Sie den Unterschied verstehen: Nützlich und zweckdienlich ist gute Arbeit auch, aber die Phänomene von Resonanz und Energiemultiplikation spielen auf einem ganz anderen Spielfeld. Sie gibt es nicht, wenn man in einem Geschäft auf Gegenseitigkeit sein Energiepaket in Form von Arbeit pro Zeit übergibt und dafür ein Energiepaket in Form von Geld pro Zeit zurückbekommt. Das ist lediglich ein guter Deal. Das ist gute Arbeit. Delivered. Erledigt. Und jetzt: Feierabend. – Da schwingt nichts, da kann sich nichts hochschaukeln, da ist nichts Emotionales dabei, purer Nutzen, erledigtes Geschäft. Das ist nicht generell zu kritisieren, aber klar ist: Von bedeutsamen Tätigkeiten ist so eine »korrekte Arbeitseinstellung« so weit entfernt wie die Architektur eines McDonald's-Restaurants im Industriegebiet von der des Guggenheim-Museums in Bilbao.

Bedeutsame Tätigkeiten erfüllen nicht nur einen Zweck, sie berühren und inspirieren uns im Innern, an Herz und Seele. Nicht nur im Kopf, nicht nur intellektuell, rational, verstandesmäßig. Bedeutsame Tätigkeiten lösen darüber hinaus etwas tief in unserem Innern aus, was nach außen strahlt. Andere Menschen spüren das. Und genau um diese Wechselwirkung geht es. Nur wenn wir selbst inspiriert sind, können wir andere inspirieren. Und das ermöglicht uns, einen Beitrag auf sehr viel höherem Niveau zu leisten.

Bedeutsam ist so viel mehr als nur »nützlich«!

Die Kraft dazu kommt von ganz tief innen, und sie bewirkt, dass eine Pädagogik-Praktikantin im Kindergarten plötzlich als Erste und Einzige es schafft, das stets weinende Kind zu beruhigen und zum Lachen zu bringen. Die Kraft bewirkt, dass der

Arzt im Klinikum, der einer wartenden Familie die Nachricht der schlimmen Diagnose des verunfallten Angehörigen überbringt, nicht nur die Information übermittelt, sondern es schafft, ihnen in wenigen Sätzen Trost, Hoffnung und Stärke zu geben. Sie bewirkt, dass ein Designer ein Auto kreiert, das so schön ist, dass viele Menschen es einfach nur einmal anfassen und über den Kotflügel streichen möchten, auch wenn sie es sich nicht leisten können. Sie bewirkt, dass ein Redner eine Rede hält, die so berührend ist, dass man in den Sprechpausen die berühmte Stecknadel fallen hören könnte. Sie bewirkt, dass ein Fotograf das Motiv findet, das alles ausdrückt, was der Krieg in Afghanistan für die ländliche Bevölkerung bedeutet. – Diese Sorte menschlicher Berührung ist nicht objektiv messbar. Und doch gibt es sie. Wir alle kennen und spüren sie ab und zu.

Eine andere Qualität bedeutungsvoller Tätigkeiten ist das Schöpferische. Sie sind keine Wiederholung von Routinen, sondern sie sind auf ihre eigene Weise individuell und kreativ. Sie haben auch in der tausendsten Wiederholung des formalen Aktes – eines Bühnenauftritts, eines Verkaufsvorgangs, eines Konstruktionsprozesses – einen Hauch von Premiere. Auch dann, wenn man etwas schon oft getan hat: Wenn man es macht, weil man dafür brennt, nicht weil es der Chef aufgetragen hat oder das Anweisungshandbuch es vorschreibt. Dann macht man es jedes Mal aufs Neue mit ganzer Aufmerksamkeit und dem Wunsch, es auf die beste, die ureigenste Weise zu tun. Nicht alles, was man macht, kann eine Innovation sein. Aber es ist immer etwas zutiefst Persönliches, es ist immer schöpferisch und kann nie Mainstream, nie gewöhnlich, nie Routine sein.

Einen Hauch von Premiere.

Schöpferisch ist das, was ein Künstler macht, automatisch. Aber auch ein Vortrag, eine Verkaufspräsentation, eine Schaufensterdekoration oder ein PR-Konzept können mit der gleichen Einstellung angefertigt und ausgeführt werden wie das Bild eines Malers oder die Skulptur eines Bildhauers: mit dem Bewusstsein, einen einzigartigen Beitrag zu produzieren.

Ein weiterer Begriff im Zusammenhang mit bedeutsamen Tätigkeiten ist die tiefe Zufriedenheit: Damit meinen wir das wunderbare Gefühl, mit sich selbst und der Welt im Reinen zu sein. Das Gefühl: Das passt alles zusammen. Dabei schwingt auch ein Stück Stolz mit, da man ganz wesentlich daran beteiligt war, diese temporäre Ganzheit herzustellen. Aber mehr noch ist es die tiefe Zufriedenheit über den Energiefluss, den Austausch, die Verbundenheit mit der Welt, die sich so anfühlt, als ob ein inneres Gefäß angefüllt wird. Das ist ein leises Glücksgefühl. Kein lauter Jubel, sondern etwas Ruhiges, Beruhigendes.

Diese Erfüllung gibt es auch ohne Resonanz von außen. Man hat den Garten neu angelegt und empfindet tiefe Befriedigung darüber, wie schön er geworden ist. Oder man schaut sich Fotos an, die man selbst geschossen hat, und freut sich über deren Qualität, noch bevor sie irgendjemand gesehen hat. Es ist nicht nötig, den Garten oder die Fotos jemandem zu zeigen, um ein erfüllendes Gefühl zu erhalten. Ein Surfer, der die perfekte Welle erwischt hat, braucht zu seinem Glück kein Video davon anzuschauen. All diese Momente sind wunderschön. Aber, und das ist der entscheidende Punkt: Es sind Hobbys und Liebhabereien. Sie sind wunderbar und können erfüllend sein. Aber das meinen wir hier eben gerade nicht.

Um mehr bedeutsame Tätigkeiten im ganz normalen Arbeitsalltag – darum geht es uns. Das bedeutet allerdings nicht, dass jeder nur noch bedeutsame Tätigkeiten machen sollte und daneben nichts anderes. Das wäre unrealistisch und funktioniert auch nicht, denn wenn wir die »Pflicht« in Form der guten Arbeit komplett aus den Augen verlieren, werden wir sehr schnell ein dickes Problem haben.

ABER: Die gute Arbeit, das, was von mir erwartet, vielleicht sogar per Stellenbeschreibung eingefordert wird, ist eben nicht das Ganze oder das einzig Mögliche. Ansonsten wäre unser Leben ausschließlich Pflichterfüllung. Es geht darum, den Freiraum jenseits der Pflichterfüllung zu nutzen. Und ihn sukzessive zu erweitern.

Bildlich ausgedrückt, ist es wie ein kreisförmiger Kern (die Pflicht) und ein den Kern umschließender größerer Kreis (der abgegrenzte Freiraum). Damit wollen wir sagen: Wir haben keine unendliche Freiheit, denn dann wäre es kein großer Kreis, sondern eine unendliche Fläche jenseits des Kerns. Die Freiheit ist begrenzt, aber groß genug, um uns die Möglichkeit zu geben, mehr als nur unsere Pflicht zu erfüllen. Jeder von uns hat diesen Freiraum. Der eine einen größeren, der andere einen kleineren, aber jeder hat einen.

Ja, richtig, es gibt Jobs, in denen dieser Freiraum eher gering ist. Zum Beispiel in einem dieser Unternehmen, in denen jeder Handgriff bis ins letzte Detail vorgeschrieben ist. Aber das ist nicht die Realität der meisten unserer Leser. Was wir immer wieder feststellen, ist, dass vielen ein erheblich größerer Freiraum zur Verfügung steht, als sie es sich selbst eingestehen oder als sie bereit sind zu nutzen.

Viele Menschen legen einen zu starken Fokus auf den Kern. Es werden Sachzwänge und Hierarchien angeführt, die es scheinbar unmöglich machen, jenseits der guten Arbeit noch etwas anderes zu tun.

Aber ist das tatsächlich so? Ist es tatsächlich ein romantischer Traum, dass wir die Freiheit haben, den Kreis um diesen Pflichtenkern herum mit mehr bedeutungsvollen Tätigkeiten zu füllen, als wir es uns bisher zugetraut oder zugebilligt haben? Wir sind überzeugt davon, dass es möglich ist – und dass das Zulassen dieses Gedankens der erste Schritt in die Richtung eines Lebens ist, das wir führen möchten.

Doppelt gebraucht

Dieser erste Schritt ist nicht nur für Ihr Glück und Ihr Seelenheil wichtig, sondern liefert auch genau den Beitrag zur Weiterentwicklung unserer Gesellschaft, den wir am dringendsten brauchen.

Warum? Warum sind bedeutungsvolle Tätigkeiten heute so relevant für die Gesellschaft? Warum werden sie so dringend gebraucht?

Weil das die Dinge sind, die in einer Organisation, in einer Stadt, in einem Land den Unterschied machen. Die oftmals auch Neues voranbringen und Innovationen befeuern. Die uns nicht zurückfallen lassen, während sich rund um uns herum alles rasant verändert.

Das sind aber nicht die Dinge, die von Ihnen im Rahmen Ihres Jobs erwartet werden! Die wirklich großen Dinge, auch die wichtigsten sozialen Veränderungen in unserer Gesellschaft, auch die kulturellen Werke, die uns etwas bedeuten, sind noch nie aus guter Arbeit entstanden. Gute Arbeit treibt weiter, was bereits existiert. Echte Veränderungen aber entspringen nur bedeutsamen Tätigkeiten. Etwas bewegen können wir nur, wenn wir mit Herzblut bei der Sache sind. Die bessere Zukunft, jedes qualitative Wachstum, jeder dauerhafte Fortschritt entspringt ausschließlich dem rechten oberen Quadranten.

Mit nur »guter Arbeit« können Sie keinen neuen Beruf kreieren, keinen neuen Markt begründen, die Lebenswelt von Tausenden Menschen nicht grundlegend verändern. Was Sie so weiterentwickeln, ist nur das Bestehende. Es ist darum wichtig zu verstehen, dass es so etwas wie normale Kreativität und bedeutsame Kreativität gibt, normale Innovation und bedeutsame Innovation, normale Veränderung und bedeutsame Veränderung. Und der Unterschied zwischen diesen beiden Stufen ist kein quantitativer, sondern ein qualitativer Sprung.

Jeder dauerhafte Fortschritt entspringt ausschließlich dem rechten oberen Quadranten.

Für Unternehmen sind in der globalen, durch Mobilität und das Internet vernetzten Wirtschaft bedeutsame Tätigkeiten die Treiber von Differenzierung und Zukunftsfähigkeit. Bedeutsame Tätigkeiten machen Unternehmen und ihre Produkte einzigartig, ungewöhnlich und unaustauschbar. Häufig sind bedeutsame Tätigkeiten genau die Art von schöpferischer Arbeit, die das Geschäft voranbringt, zu neuen Produkten oder verbesserten Systemen und steigenden Gewinnen führt. Und dabei sind bedeutsame Tätigkeiten nicht an eine bestimmte Hierarchiestufe oder eine bestimmte »Abteilung« gebunden. Ein Vorstand kann sie vollbringen – oder ein Sachbearbeiter. Es ist ein Handeln, das über seine zweckbetonte Absicht hinausgeht und uns gerade dadurch auf eine gewisse Art berührt.

Bedeutsame Tätigkeiten werden einerseits subjektiv gebraucht: Was sie für uns so anziehend macht, ist häufig das ganz subjektive Gefühl, dass ich den Status quo nicht hinnehmen will, dass ich einen Missstand aus der Welt schaffen will. Dass ich aufstehen und etwas verändern muss.

Aber bedeutsame Tätigkeiten werden andererseits auch objektiv gebraucht, weil die Zukunft unserer Gesellschaft und ihrer Organisationen in einer sich weiterentwickelnden Welt davon abhängig ist. Weil nur Menschen, die am Status quo rütteln, die sich nicht mit effizientem Abarbeiten zufriedengeben, sondern schöpferische Arbeit machen, dazu beitragen, die Zukunft zu gestalten.

Flowing

Bedeutsame Tätigkeiten scheinen eine herrliche Angelegenheit zu sein. Wir sind im Flow, sind kreativ, die Dinge fallen uns geradewegs zu und die Zeit scheint stillzustehen. Wir bekommen Applaus von anderen, die bewundern, was wir tun. Wir sind mit uns im Reinen. Wir schaffen etwas, das aus unserer Sicht wert ist, erschaffen zu werden, und haben auch noch riesige Freude daran. Ja, wir kennen das. Aber leider ist das nicht immer so. Sondern, zugegeben: eher selten.

Bedeutsame Tätigkeiten bedeuten häufig, dass wir uns schinden müssen. Dass andere uns von diesem Weg abraten. Dass wir von den anderen, die den gewohnten Trott gehen und dafür belohnt werden, skeptische Blicke ernten. Es kann eine Zeit der

Unsicherheit, des vorsichtigen Vorwärtstastens sein, wenn wir uns nicht ganz sicher sind, wohin die Reise eigentlich geht. Es kann bedeuten, dass wir uns nach einem unerwarteten Rückschlag wieder aufrichten müssen. Es gibt Zeiten, in denen uns bedeutsame Tätigkeiten wirklich prüfen. Dann fordern sie von uns nicht nur den Einsatz unserer Stärken und Talente, sondern auch eine Menge an Durchhaltevermögen und Willenskraft.

Aber dann wieder werden wir für alle Plackerei reich belohnt: Unterm Strich stimmt die Energiebilanz. Aristoteles sagte: »Energie ist das, was alles in Bewegung setzt.« Energie ist ein Prozess, kein Ding. Wir können sie nicht direkt beobachten, wohl aber ihre Wirkung erleben. Und die ist erstaunlich. Sie befähigt uns dazu, etwas stundenlang zu tun, auf immer höherem Energielevel, was andere Menschen total auslaugen und fertigmachen würde. So wie Bruce Springsteen auf der Bühne. Man fragt sich: Wow, wie macht der das nur? Müsste der nicht aus purer Erschöpfung umkippen? Immerhin ist der Mann über 60 Jahre alt. Wenn sie einen Menschen während einer bedeutsamen Tätigkeit erleben, fragen sich Außenstehende: Wie kann der das schaffen? – Die Antwort lautet: Bedeutsame Tätigkeiten geben uns Wohlbehagen und sehr viel Energie. Selbst wenn sie sehr anstrengend sind. Dagegen kann miese Arbeit schon innerhalb weniger Minuten jegliche Energie aus uns heraussaugen.

Energiefluss und Selbstbestimmung gehören zusammen: Bei selbstbestimmten Tätigkeiten kommen Energie und Motivation von innen. Anders bei fremdbestimmten Tätigkeiten: Hier muss die Energie von außen zugeführt werden, muss motiviert werden. Und solcherart extrinsische Motivation ist so flüchtig wie ein Regenschauer in der Wüste.

Wenn die Energie von außen kommt, dann heißt das: Man lässt andere entscheiden, andere bestimmen, andere schieben, drücken und ziehen. Man lässt sich fremdsteuern und motivieren. Mit Belohnungen jeder Art. Mit Geld, Prämien, Lob und Tadel, Vorbildern und subtilen Bestechungen. Wenn die Energie aber von innen kommt, dann hat man den Tag selbst in der

Hand, man sitzt selbst am Steuerrad seines Lebens. Man lässt sich nicht von anderen seine Lebensziele vorsetzen, sondern ist selbstmotiviert und selbstbestimmt.

Bedeutsame Tätigkeiten drücken die Übereinstimmung zwischen dem aus, was wir fühlen, wenn wir etwas tun, und dem, was wir dabei nach außen zeigen. Es ist das Ursache-Wirkungs-Prinzip zwischen dem, was wir in unserem Inneren fühlen und wie viel wir davon sichtbar zeigen und wie das von anderen Menschen wahrgenommen wird.

Menschen, die lieben, was sie tun, es aber aus irgendeinem Grund nie zeigen, sind dazu verdammt, missverstanden zu werden. Und umgekehrt gilt: Menschen, die das, was sie tun, hassen, es aber irgendwie hinkriegen, nach außen hin ein einigermaßen überzeugendes positives Bild zu transportieren, sind bedauernswerte Schauspieler. In den USA fällt uns das immer wieder auf: Kellner in Restaurants, die so tun, als wäre ihr Job der tollste der Welt: »I'm your waiter tonight and I'm happy to serve you!« – und dazu das gebleichte Grinsen und der gekonnte Smalltalk. Bloß genau das merkt man auch, denn da ist für uns als Gäste nichts Echtes, nichts Emotionales, nichts Berührendes, keine Resonanz zu spüren. Wenn es aber eine echte Übereinstimmung gibt zwischen unserem Innen und dem, was wir nach außen ausstrahlen, dann ist das genau das, was den entscheidenden Unterschied macht.

»I'm your waiter tonight and I'm happy to serve you!«

Wenn Sie auf jemanden treffen, dessen Tätigkeit für ihn erfüllend ist, dann spüren Sie das. Garantiert. Denn Sie spüren die aus dem Inneren entspringende Energie, die nach außen dringt.

Wir kennen das von uns selbst: Unsere bedeutsame Tätigkeit ist etwas, was für die meisten Menschen eine furchterregende Vorstellung ist: frei auf der Bühne vor vielen Menschen sprechen. Aber für uns ist es sinnvoll und inspirierend. Wenn wir einen Vortrag gehalten haben, wenn wir unsere Botschaften platziert haben, Energie ausgestrahlt haben, die greifbar war, und in gleichem Maße Energie von unserem Publikum zurückbekommen haben – dann sind wir erschöpft, glücklich erfüllt, zufrieden – und zugleich hungrig auf mehr davon. Dann war das für uns eine bedeutsame Tätigkeit.

Wer macht den Stau?

Klar ist aber auch: Bedeutsame Tätigkeiten werden häufig nicht gewünscht. Offiziell wird gesagt, geschrieben und behauptet: Wir wollen Mitarbeiter, die für ihre Arbeit brennen! Jawohl, sie sollen etwas riskieren, die ausgetretenen Pfade verlassen, großartige neue Lösungen für unsere Kunden entwickeln! – Aber viele Unternehmen haben eine Kultur, in der einzig gute Arbeit anerkannt und gefördert wird. Die Erwartungshaltung in den Unternehmen und die darauf fußenden Systeme sind darauf ausgerichtet, den Status quo zu erhalten – damit es möglichst wenig Störung für die gute Arbeit gibt.

Aus unserer Sicht ist das Problem nicht so sehr, dass die Führungsetage in den Unternehmen ganz bewusst keine bedeutsamen Tätigkeiten dulden würde. Das Problem liegt vielmehr darin, dass es ganz unterschwellig der Usus in vielen Unternehmen ist, der diesen Versuch zunichtemacht. Denn wenn Dinge replizierbar sind, messbar sind, planbar sind, dann verspricht das Sicherheit. In anderen Worten: Gute Arbeit hat in einem solchen Umfeld immer Vorfahrt vor bedeutsamen Tätigkeiten.

Dieser kulturelle Widerstand ist vielfältig. Er besteht beispielsweise darin, dass die Bedeutung der jeweiligen Tätigkeit von vorneherein angezweifelt wird. – Warum ist dir das so wichtig? Keiner hat das von dir verlangt! Konzentrier dich doch erst mal auf deinen eigentlichen Job! – Hast du nichts Besseres zu tun? Du bist wohl unterfordert mit deinen anderen Aufgaben! – Viele trauen es sich angesichts des kulturellen Gegenwinds nicht zu, mehr bedeutsame Tätigkeiten zu

Oho, ganz schön kess … Übernimm dich mal nicht!

machen. Sie erlauben es sich selbst nicht, etwas Großartiges zu tun, weil sie sich dafür nicht wert genug fühlen. Und darin von außen bestätigt werden. – Oho, ganz schön kess … Bist du sicher, dass das das Richtige für dich ist? Übernimm dich mal nicht!

Widerstände dieser Art gibt es überall. Und das lässt uns zurückschrecken. Gute Arbeit gibt da viel mehr Sicherheit. Aber der entscheidende Punkt für uns als Individuen ist, dass das gute Abarbeiten von Aufgaben uns zwar durchaus Vertrauen und Sicherheit gibt, aber eben keine Freiheit. Freiheit kommt von Selbstverpflichtung, nicht vom Aufgabenerledigen. Freiheit bedeutet, unserer eigenen Stimme zu folgen und nicht einer fremden. Sich für mehr bedeutsame Tätigkeiten einzusetzen bedeutet also auch, sich gerade nicht systemkonform zu verhalten. Ja, und das ist definitiv nicht der einfachste Weg.

Wer nun aber behauptet, es würde ja in Wahrheit gar nicht gehen mit den bedeutsamen Tätigkeiten, weil die Unternehmenskultur das verhindert, dann ist das zwar einerseits ganz richtig, andererseits aber eine grandiose Ausrede. Denn sie impliziert, dass die Kultur von »denen da oben« gesetzt und unveränderlich wäre. Aber das ist nicht richtig. Eine Kultur ist nichts anderes als die Summe der Einstellungen und Verhaltensweisen, der guten und schlechten Angewohnheiten einer Gruppe von Menschen. Das bedeutet: Wer sein eigenes Verhalten, sein eigenes Denken, seine eigenen Angewohnheiten ändert, der ändert damit auch die Kultur – ein kleines Stück weit.

Das ist ganz ähnlich wie bei einem Stau: Gerät man mitten hinein, dann ärgert man sich über den Stau, als hätte ihn eine höhere Macht extra herbeigezaubert, um einem das Leben zur Hölle zu machen – dabei hat man doch selbst ein kleines Stückchen zu seiner Existenz beigetragen: Man steht nicht im Stau, man IST der Stau, jedenfalls ein kleines bisschen und gemeinsam mit allen anderen um einen herum. Darum: Alle Beschwerden gegen eine innovationsfeindliche Unternehmenskultur, während man selbst seinen Teil dazu beiträgt, das Übliche, Gewöhnliche, Erwartete zu tun, sind absurd. Vielmehr müssen wir alle überlegen, wie wir selbst die bestehende Kultur verändern wollen. Und dann entsprechend handeln. Die Kultur, die den bedeutsamen Tätigkeiten im Unternehmen entgegensteht, wird sich ja gerade dann ändern, wenn mehr Menschen sich den bedeutungsvollen Tätigkeiten zuwenden.

Darum ist der Widerstand, dem man sich ausgesetzt fühlt, wenn man nicht mehr damit zufrieden ist, einfach nur gute Arbeit zu leisten, kein Argument, es sein zu lassen. Der kulturelle Widerstand erhellt lediglich, warum es so verdammt schwierig ist, neue Pfade einzuschlagen.

Opferlämmerblick

Die Frage, die wir uns hier und jetzt in unserem Job stellen sollten, lautet darum: Wie kann ich trotz allem mehr Dinge tun, die einen Unterschied machen? Wie kann ich in meinem Job die Balance zugunsten von mehr bedeutungsvollen Tätigkeiten verändern? Wie kann ich sukzessive mehr Aufgaben übernehmen, die für mich eine Bedeutung haben, Schönheit hervorbringen, den Status quo verändern und etwas schaffen, das wert ist, erschaffen zu werden? Dinge, die das eigene Leben oder das anderer Menschen verbessern oder eine lohnende Sache voranbringen. Natürlich geht es nicht darum, all das gleichzeitig zu realisieren – einige Aspekte davon reichen schon. Und es sind oft nur Kleinigkeiten: zum Beispiel im Meeting als Einziger sich zu trauen, nein zu sagen, weil man den Beschluss für falsch hält. Für eine kleine Idee zu kämpfen oder eine alte, aber inzwischen sinnlose Regel zu bekämpfen. Einmal zu fragen: Warum machen wir das eigentlich so? In einer Frage Position für den Kunden zu beziehen und nicht für den Chef. Für ein Ideal einzustehen, exzellente Qualität einzufordern, mutig zu sein, sich etwas zu trauen.

Sich im Strom treiben zu lassen – das ist bequemer.

Diese veränderte Haltung ist nicht immer einfach, keine Frage. Sich im Strom treiben zu lassen ist bequemer. Aber wir schieben dann die wirklich wichtigen Aspekte und Fragen des Lebens von uns weg. Und das bringt Kosten mit sich, hohe Kosten für uns selbst, aber eben auch hohe Kosten für unsere Organisationen: Menschen, die stets im Mainstream schwimmen und konsequent auf Nummer sicher gehen, können keine großartigen Dinge leisten. Ganz im Gegenteil: Sie richten sich gemütlich in einer Atmosphäre der Mittelmäßigkeit ein und produzieren mittelmäßige Ideen, mittelmäßige Leistungen und mittelmäßige Ergebnisse. In diesen Menschen und in den Organisationen ist weniger Leben drin. »Is there anybody alive out there?« ist eine Liedzeile in »Radio Nowhere« von Bruce Springsteen. Während seiner Tournee schreit er, bevor er diesen Song spielt, immer in die Menge »Is there anybody alive out there?«. Und das Stadion tobt. Eine interessante Frage. Bedeutsame Tätigkeiten entfachen das Lebendige in uns, in der Gesellschaft und in unseren Unternehmen.

Wenn wir unser Arbeitsportfolio zugunsten von mehr bedeutsamen Tätigkeiten verändern, werden wir mit unserer Freiheit konfrontiert. Wenn wir unser Handeln verstärkt danach ausrichten, was für uns wichtig ist, was uns erfüllt, dann müssen wir zuallererst akzeptieren, dass wir frei sind zu wählen. Aber die Freiheit zu wählen bedeutet auch, dass wir die Verantwortung für unser Handeln übernehmen müssen. Das eine geht nicht ohne das andere.

Die Schwierigkeit dabei ist, dass viele Menschen nicht bereit sind, den Preis der Verantwortung zu zahlen: Denn Freiheit bedeutet nicht, dass wir ab sofort tun und lassen können, was wir wollen. Freiheit heißt, dass wir überzeugt sind, dass wir die Welt da draußen gestalten können, vielleicht sogar müssen. Sie beinhaltet eine Verpflichtung.

Der Preis für mehr Freiheit ist mehr Selbstverantwortung.

Diese Erkenntnis fällt umso schwerer, je mehr Souveränität Menschen an ihre Arbeitgeber abgegeben haben. Der Managementphilosoph Charles Handy sagt: »Selbst Initiative zu ergreifen ist nicht einfach, wenn man die schützenden Gefängnismauern eines Unternehmens gewohnt ist.«

Und genau da liegt die Herausforderung. Da wird schnell der Ruf laut nach besseren Chefs, besseren Politikern oder irgendwelchen anderen Machtfiguren, die uns mehr Freiheit gewähren sollen – aber bitte schön ohne die damit einhergehende Selbstverantwortung. Aber das funktioniert nicht. Der Preis für mehr Freiheit ist mehr Selbstverantwortung. Aber viele Menschen sind nicht bereit, diesen Preis zu zahlen. Sie möchten jemanden, der ihnen auch morgen noch die Sicherheit garantiert. Jemand, der ihnen genau sagen kann, was es kostet, wie lange es dauert und wie es gemessen werden kann. Aber das ist paradox. Das ist so wie der Wunsch, in den Himmel kommen zu wollen, ohne vorher sterben zu müssen.

Ein weiterer Aspekt, der mit dem zuvor Gesagten eng zusammenhängt: Zu oft geben wir unsere Freiheit aus der Hand, weil wir zu sehr auf »die da oben« fixiert sind: Politiker, Medien, Management und so weiter. Wenn Menschen immer erst die Unterstützung und das Einverständnis von »denen da oben« suchen, wenn sie glauben, dass diese höhergestellten Mächte die einzigen sind, die die Macht für die entscheidenden Dinge haben, dann zementieren Menschen damit ihre eigene Machtlosigkeit.

Wenn wir in Diskussionen einwenden, dass die Zustimmung des Chefs nicht immer entscheidend ist, dann ist unsere Erfahrung, dass viele Menschen das schlichtweg nicht hören wollen. Sie sagen dann »Da habt ihr aber noch nicht meinen Chef kennengelernt«, »Das ist doch naiv« etc. Manche werden richtig wütend, wenn wir sagen, dass sie selbst »denen da oben« die Macht gegeben haben.

Unsere Überzeugung ist: Das Problem ist nicht so sehr das Verhalten von Chefs, Politikern, »denen da oben«, sondern die Verleugnung unserer eigenen Macht und die Erwartung, dass jemand anders uns in eine bessere Zukunft führen könnte.

Die Überzeugung, dass die Macht bei »denen da oben« liegt, ist der sicherste Weg, unsere eigene Hilflosigkeit zu verstärken.

Umständehalber Einstellungssache

Es gilt ein Gleichgewicht herzustellen zwischen dem, was wir tun müssen, und dem, was wir aus eigenem Antrieb tun können und wollen, sowie dem, was sein könnte, der Chance, der Vorstellung, der Idee. Das gilt ganz generell im Leben. Egal ob es sich um bezahlte Arbeit oder unsere unbezahlte Rolle im Leben als Ehemann, Ehefrau, Vater, Mutter oder Freund handelt.

Aber da es in unserem Buch um das Thema Arbeitsleben geht, fokussieren wir hier auf die bezahlte Arbeit. Im Arbeitsleben bedeutet es, eine Balance herzustellen zwischen der Pflichterfüllung und dem Freiraum rund um die Pflicht. Also ein dynamisches Gleichgewicht zwischen einerseits dem, was unsere Funktion oder Rolle uns abverlangt – das Jobprofil, die Stellenbeschreibung, die Aufgaben, die erfüllt werden müssen, damit die Organisation im guten alten Sinne »funktioniert«. Und andererseits dem, was wir persönlich und ganz individuell als einen bedeutsamen Beitrag zum Ganzen empfinden. Diese gefühlte Balance muss nicht 50 : 50 sein, es kann auch mehr oder weniger sein oder sich entwickeln, eine gute Verteilung bewertet jeder selbst. Sie zu finden (mit möglichst wenig mieser Arbeit natürlich) ist eine lebenslange Übung. Und selbst wenn wir hier und heute eine harmonische Balance finden, wird diese sich im Lauf der Jahre wieder ändern. Der beste Mix in diesem Jahr muss nicht unbedingt der immer noch exakt richtige Mix in fünf Jahren sein. Denn unterschiedliche Phasen in unserem Leben verlangen unterschiedliche Antworten.

Das Gleiche gilt übrigens auch für Organisationen. Einige Jahre sind »stretch years«, also Perioden, in denen wir uns ganz neuen Herausforderungen stellen. Andere Phasen dienen eher dazu, dass wir unsere Kräfte schonen, Ideen sammeln und die Basis für unsere nächste Initiative legen.

Eine interessante Frage in diesem Lichte wäre: In welcher Phase befindet sich unser Land gerade? Aber das führt uns auf Nebenpfade …

Kapitel 10
Innenleben

Wenn wir einen glaubwürdigen Ratgeber schreiben könnten, in dem gezeigt wird, wie Sie garantiert permanent orgiastische Lustexplosionen haben oder wie Sie garantiert Millionär werden oder wie Sie garantiert die Nummer eins jeder denkbaren Organisation werden oder wie Sie garantiert ein gefeierter Star werden, dann wäre das garantiert ein Bestseller. Garantiert!

Und das ist auch kein Wunder, denn diese vier Motive sind die großen Antreiber in der Menschheitsgeschichte, sie ziehen sich wie ein roter Faden durch die Jahrhunderte und bilden die großen Ziele, nach denen Menschen streben, wie es auch der Philosoph Otfried Höffe in seinem zum Nachdenken anregenden Buch *Lebenskunst und Moral* beschreibt.

Nicht dass wir so einen Ratgeber schreiben wollten – aber die Logik dieser Vorstellung zeigt, dass das Streben nach Lust, Geld, Macht und Ansehen der Treibstoff für unser gegenwärtiges gesellschaftliches System ist. Es sind nicht die einzigen Lebensziele, da gibt es noch andere. Je nach Perspektive und Denkmodell. Aber es sind die vier zentralen Motive, die fast alle Räder um uns herum am Laufen halten. Sie bilden die Mechanismen, die die gesamte Wirtschaft, so wie sie bislang konstruiert ist, überhaupt erst funktionieren lassen. Wenn Mitarbeiter sich anstrengen, befördert werden und die Karriereleiter nach oben steigen, dann erhalten sie im Gegenzug mehr Macht, Geld und Ansehen. Gleichzeitig befeuert es den Konsum: Der neue Audi-A5-Sportback-S-Line, der 5-Sterne-Verwöhn-Urlaub mit der ganzen Familie, das Hochleistungs-Mountainbike für den Papa, das Prada-Täschchen für die Mutti – all das wird erschwinglich und verspricht den ultimativen Lustgewinn.

Wir haben eine Weile darüber nachgedacht. Uns ist bei dem Gedanken immer unbehaglicher geworden, dass diese vier Motive für viele Menschen echte Lebensziele sind.

Um möglichen Missverständnissen vorzubeugen: Wir haben überhaupt nichts gegen Lust, Wohlstand, Macht und Anerkennung. Im Gegenteil, wir können uns für uns selbst gar nicht vorstellen, auf eines dieser Motive im Leben zu verzichten. Wir finden, ein Leben ist erst dann rund, wenn es lustvoll ist, wenn wir keine materielle Not leiden müssen, wenn wir mächtig genug sind, um unser Leben selbst zu bestimmen, und darüber hinaus einen positiven Einfluss auf andere Menschen ausüben können und wenn das, was wir tun, anerkannt wird.

Diese vier Grundmotivationen sind aus unserer Sicht also keineswegs schlecht oder in irgendeiner Weise zu verurteilen. Aber sind es wirklich ZIELE? Also Ziele in dem Sinne, dass sie der letztendliche Grund sind, warum wir den Pfeil unseres täglichen Tuns auf den Bogen unseres Lebens legen, den Bogen spannen und den Pfeil fliegen lassen? Sind es wirklich Ziele, die über allem stehen und unser Dasein bestimmen, nach denen wir täglich streben? Sind sie der Zweck, warum wir auf der Welt sind? Beziehungsweise: Sollten sie der Zweck sein?

Wir bezweifeln das!

Und darum sagen wir nicht nur: Hört auf zu arbeiten! Sondern konsequenterweise sagen wir auch: Hinterfragt diese vier Lebensziele! Es sind keine Ziele im engeren Sinne. Genießt Lust, Geld, Macht und Anerkennung, aber hört auf damit, mit dem, was ihr täglich tut, primär danach zu streben!

Extremisten

Warum ist das so? Warum sind diese vier Motive in ihrer übersteigerten Absolutheit toxisch? Und was ist es stattdessen, das über diesen vier Motiven als echtes Ziel stehen sollte?

Schauen wir sie uns genauer an.

Erstens, Lust: Ja, es liegt in der Natur des Menschen, dass wir nach Lust streben und Unlust vermeiden wollen. So sind wir gebaut, unser ans Zentralnervensystem gekoppeltes hormonelles Belohnungszentrum schüttet nach bestimmten Reaktionsmustern Neurotransmitter, im Volksmund auch Glückshormone genannt, aus, die unser Verhalten beeinflussen. So machen sie uns beispielsweise Lust auf Sex und sorgen auf diese Weise biologisch für die Erhaltung unserer Art. Und sie sorgen auch dafür, dass wir immer wieder in Facebook reinklicken, weil die soziale Interaktion und das Gefühl, auf dem Laufenden zu sein, eine kleine Belohnungsportion Hormone ausschütten. Das ist alles weitgehend erforscht und verstanden: Wir sind lustgetriebene Geschöpfe von Natur aus.

Wir sind lustgetriebene Geschöpfe von Natur aus.

Insofern spielt Lust eine sehr wichtige Rolle in unserem Leben, auch im Arbeitsleben. Unbestreitbar. Lust verstehen wir hier wohlgemerkt als breites Spektrum von körperlicher, seelischer, sozialer und intellektueller Lust. Zudem ist Lust immer auch eine ganz individuelle Angelegenheit. Der eine löst mit Lust knifflige Aufgaben, z.B. herausfordernde Programmieraufgaben oder eine anspruchsvolle Übersetzungsaufgabe, und für den anderen ist es eine lustvolle Erfahrung, wenn er abends die Geldscheine seiner Tageseinnahmen zählt.

Beim Gelingen selbstgewählter Tätigkeiten pflegt sich Lust einzustellen, »so dass es ein im Lebensvollzug erreichtes Glück ohne Lust gar nicht gibt«, schreibt Höffe. Und wir sehen das genauso: Ein Leben ohne Lust ist kein echtes Leben.

Problematisch wird es jedoch immer dann, wenn wir das »Genug« verloren (oder uns nie angeeignet) haben. Wenn wir beispielsweise dem Lustgewinn durch Konsum uneingeschränkt nachgeben: »Ich shoppe, also bin ich.« Weil in unserer Kultur dieses »Genug« selten geworden ist, verfallen Menschen regelmäßig in den Kaufrausch, auf den sich dann wieder der Kaufkater einstellt, der kurz darauf von neuer Kauflust abgelöst wird … Der Shopping-Hedonismus ist zum weltweiten Phänomen geworden. Shoppingcenter sind die Kathedralen der Gegenwart. »Shop til you drop« wird zum Glaubensbekenntnis. Marketing ist Gottesdienst am Kunden. Niemand kann die konsumistische Kraft stoppen. Ohne Zweifel haben die Marketingprofis in den letzten Jahrzehnten einen Superjob gemacht.

Die bunte, künstliche Welt des Konsums, die unermüdlich neue Sehnsüchte, Versprechungen und Verlockungen produziert, ist zu einem Element unseres Lebens geworden. Man geht nicht mehr einkaufen, um ein Bedürfnis zu befriedigen, sondern man geht shoppen, um sich anregen zu lassen. Erst die Waren teilen mir mit, welche neuen Wünsche ich haben könnte. Der übersteigerte, sich selbst verstärkende Konsum kurbelt den Wirtschaftskreislauf an und bringt ganz neue Geschäftszweige zum Erblühen: Sogenannte Selfstorage-Häuser schießen in den Großstädten wie Pilze aus dem Boden. Frei nach dem Motto »Wohnst du noch oder lagerst du schon?« packt man den ganzen Krempel, den man erworben hat, ohne ihn zu brauchen, ganz einfach in einen gemieteten Lagerraum. Und wenn selbst der aus allen Nähten platzt, holt man sich einen Wegwerfberater ins Haus, der gegen Bezahlung dabei behilflich ist, eine Schneise durch den vollgestopften Wohn- und Lagerraum zu schlagen. Das ist gelebter Wahnsinn!

Wir leben in einer nie endenden Spirale von immer mehr und immer mehr – aus Lust am Suchen, Finden, Konsumieren, Habenwollen. Du brauchst einen schnellen Energiekick? Trink einen Venti-Non-Fat-Triple-Shot-Espresso. Du willst dich besser konzentrieren? Nimm eine Brain-Enhancer-Koffeintablette! Du willst dein Ego einpanzern? Lease dir einen Cayenne Turbo! Es gibt keinen längeren Schwebezustand zwischen Wunsch und Erfüllung mehr. Instant-Befriedigung ist das Gebot der Stunde. Die Konsequenzen sehen wir überall in der westlichen Welt: Wir sind massiv overspent, weil wir zu viel Geld ausgeben, overconsumed, weil wir zu viele Dingen kaufen, und overweight, weil es weltweit immer mehr übergewichtige und fettleibige Menschen gibt. Und um diesen Lebensstil aufrechterhalten zu können, sind viele Menschen auch overworked und overstressed. So funktioniert das von uns selbst gebaute Hamsterrad: immer mehr, mehr, mehr – und immer mehr vom Selben.

Das führt zu einer instabilen, unkontrollierten emotionalen Achterbahnfahrt, bei der auf jeden Rausch immer auch der Kater folgt. Wenn das Lustprinzip ungebremst unser Leben dominiert, steigert sich die Abhängigkeit von äußeren Umständen bis zur Sklavenhaftigkeit. Das Streben nach dem Lustgewinn erfordert eine permanente Befütterung der eigenen Triebe. Darin ist es zügellos und tendiert zur Sucht.

Für Lust ohne Genug bezahlen wir einen ungeheuer hohen Preis. Eine umwelt- und lebensbedrohliche Verschwendung, Übernutzung und Ausbeutung von Ressourcen. Hinzu kommt: Das heutige Blasen-Zeitalter hat Staaten, Unternehmen und Bürger dazu verleitet, immer mehr auf Pump zu leben, um die (möglichen) Erträge von morgen schon heute zu verkonsumieren: Wir leben heute unter einem gigantischen monetären Damoklesschwert, einem Schuldenmonster, das nicht mehr beherrschbar ist. Wenn das Lustprinzip das unumschränkt herrschende Lebensprinzip ist, schwellen Haushalte, Bilanzen, Organisationen, Staaten, Wirtschaftsräume und Menschen auf groteske Weise an, bis sie daran zugrunde gehen. Lustgewinn als oberstes Lebensziel macht krank, süchtig, fremdgesteuert, unglücklich.

Marketing ist Gottesdienst am Kunden.

Zweitens, Wohlstand: Ein gut gefülltes Bankkonto, ein paar im Wert steigende Immobilien und ein gut geführtes Aktiendepot geben das Gefühl von Sicherheit und heben den sozialen Status. So weit, so gut. Aber: »Der Perversion erliegt ein Leben, das letztlich nur nach Wohlstand strebt«, schreibt Otfried Höffe.

Wohlstand soll dazu dienen, sich zu erfüllen, wovon man immer geträumt hat. Eine wunderschöne Sache. Wenn der Wohlstand aber zum Lebensinhalt wird, ist man vollauf damit beschäftigt, den materiellen Gütern nachzujagen, und genau dieses Nachjagen schafft Zwänge, die oft genug von tieferen und dauerhafteren Freuden abhalten. Schwund und Verlust erscheinen als Feinde, die man ein Leben lang bekämpfen muss. Geld bringt nicht mehr Glück, sondern zusätzliche Ansprüche.

»Seltsamerweise verhalten sich viele Menschen so, als wäre Geld der einzige Maßstab für Erfolg. Für viele Menschen ist es ein Mittel zum Zweck, denn es dient dazu, der Familie ein besseres Leben zu ermöglichen und alle Annehmlichkeiten zu bezahlen. Das kann jedoch zu einem Faust'schen Handel führen, wenn jemand keine andere Wahl mehr hat, als etwas zu tun, das er eigentlich verabscheut, weil er nur so seine Bedürfnisse erfüllen kann.« So schreibt der Wirtschaftsphilosoph Charles Handy in seinem Buch *Ich und andere Nebensächlichkeiten.*

Gerät das Streben nach materiellen Gütern außer Kontrolle, weil es zu wichtig im Leben geworden ist, dann macht es uns unglücklich und verdirbt den Charakter. Beim Glücklichsein jedenfalls hilft Geld ohnehin relativ wenig. Die repräsentative Studie des Ökonomen Richard Easterlin von der University of Southern California in Los Angeles weist eindrücklich nach: Die weit verbreitete Hoffnung, dass wachsender Wohlstand auf Dauer glücklicher macht, ist vergeblich. Glück wächst nicht, wenn das Einkommen steigt. Das sogenannte Easterlin-Paradox besagt, dass mehr Geld nur kurzfristig die Stimmung hebt, vorausgesetzt, die Grundbedürfnisse nach einer anständigen Unterkunft, Nahrung und Arbeit sind befriedigt. Sind diese Bedürfnisse befriedigt, gilt: Die Lebenszufriedenheit wächst nicht mit steigendem Wohlstand mit.

Drittens, Macht: Was wir hier meinen, ist das Streben einer Person nach einer einflussreichen Position innerhalb einer sozialen Gruppe. Macht ist erst mal neutral und keineswegs etwas Schlechtes. Sie ist sogar absolut notwendig, um etwas bewegen zu können. Es kommt allerdings immer darauf an, wozu man die Macht einsetzt – ob zum Wohle oder zum Schaden von anderen Menschen.

Und klar ist auch: Je weiter jemand nach oben kommt – ob nun in Wirtschaft, Politik oder Gesellschaft –, umso mehr muss dieser Mensch das Spiel mit der Macht beherrschen, um sich durchzusetzen. Aber irgendwann besteht die Gefahr, dass es nur noch um die Macht geht und nicht mehr um die Menschen und die Sache, für die er Verantwortung hat. Problematisch wird es mit der Macht also immer dann, wenn es sich um ein rastloses Streben nach immer mehr Macht handelt, wenn die Gier nach Macht zum leitenden Lebensziel und zum Selbstzweck wird, wenn die Macht wichtiger wird als ihre Anwendung. Dann frisst das den Menschen mit Haut und Haaren.

Sie umgeben sich mit Claqueuren und Jasagern.

Die Macht pumpt das Ego auf wie einen Ballon, der aber ebenso schnell wieder platzen kann. Zukunftsangst wird zum Dauerbegleiter. Man klebt am Stuhl, solange es geht, und greift zu fiesen Tricks, um die Macht zu erhalten.

Die Machtgeilheit in Politik und Wirtschaft lässt sich überall beobachten: Alphatiere, die es lieben, im Mittelpunkt zu stehen. Das gesunde Selbstbewusstsein, das so wichtig war für den Weg an die Spitze, wacht eines Morgens als aufgeblasenes Ego auf. Gehätschelt wird das Ego durch die Insignien der Macht: das stattliche Jahresgehalt, der Dienstwagen mit 300 PS unter der Sitzheizung, der persönliche Assistentenstab und die willige Entourage von stets zustimmenden Bereichsleitern und Mitarbeitern. Fertig ist der Thron.

Die Problematik ist, dass diesen nach außen vor Selbstbewusstsein strotzenden Menschen oftmals ein verlässliches Selbstwertgefühl fehlt. Sie verfügen über einen inneren Treiber, aber keinen inneren Kompass, der sie Kritik wertschätzen ließe. Sie umgeben sich mit Claqueuren und Jasagern, oft entstehen um sie herum kritikfreie Zonen, in denen Unterwürfigkeit bis hin zur Kriecherei gefördert wird.

Diese Typen sind in der Politik ebenso vertreten wie in der Arbeitswelt, die sich mit ihren hierarchischen Strukturen anbietet, neurotische Eltern-Kind-Muster nachzuspielen: Herrschaft und Abhängigkeit, Macht und Ohnmacht, Belohnung und Bestrafung …

Viertens, Ansehen: Hier geht es um die Reputation, die jemand bei seinen Mitmenschen genießt. Deren Minimum besteht im guten Ruf, den man im Kollegenkreis und bei Nachbarn, Freunden und Familie hat. Das ist die Basis für ein gutes Zusammenleben und -arbeiten und enorm wichtig. Kritisch wird es immer dann, wenn der Wunsch nach Ansehen in eine ungezügelte Gier nach Ruhm umschlägt.

Ebenso wie die Macht, die immer Menschen braucht, auf die Einfluss genommen werden kann, lässt sich auch Ansehen nicht losgelöst von anderen erreichen. Die Leistungen, die man zustande bringt, müssen von anderen als Leistung wahrgenommen und zudem geschätzt werden. Das bedeutet: Anerkennung kommt von den anderen, und derjenige, der Anerkennung will, begibt sich so auch in eine Abhängigkeit. Mit jedem Applaus, mit jedem Erfolg, mit jedem neidischen Blick wird man abhängiger von außen, von der Wertschätzung, dem Applaus der anderen.

Jemand, für den das eigene Ansehen bei seinen Kollegen, bei seinem Chef oder ganz generell bei anderen Menschen von überragender Bedeutung ist, läuft Gefahr, sich zu sehr darauf zu konzentrieren, wie er bei den anderen ankommt. Und so fängt er an, sich selbst und die eigene Leistung hochzuspielen. Um das eigene Ansehen aufzupolieren, werden diese Menschen zur wandelnden Werbeagentur in eigener Sache. In ihren Monologen dominiert das Wort ›ich‹, und der Wunsch nach Anerkennung ist so groß, dass die Grenze zwischen Selbst-PR und Schaumschlägerei verwischt. Dass dabei die Ideen anderer ans eigene Revers geheftet werden, kann schon mal passieren …

Wann ist es genug?

Die eben beschriebenen Extremformen lassen sich ständig und überall bestaunen, ob in der eigenen Firma, im Bekanntenkreis oder in den Medien. Tragisch bis dramatisch wird es immer dann, wenn eines oder mehrere dieser vier Motive für den jeweiligen Menschen überragende Bedeutung bekommt und zum alles dominierenden Lebenszweck wird.

Lust, Wohlstand, Macht und Ansehen sind genau dann eine Bereicherung des Lebens, wenn sie entweder Mittel zum Zweck sind oder beim Verfolgen eines Zwecks nebenbei mit abfallen, sozusagen als angenehmer Nebeneffekt. Und der Zweck, der hier gemeint ist, ist eben ein anderer Zweck als einer der vier.

Lust, Macht, Geld und Anerkennung sind herzlich willkommen, sollten aber nicht Zielmagnet unseres Lebens werden.

Wenn die vier Motive also nicht die Hauptspeise sind, sondern die Beilage oder der Nachtisch, dann kann man sie auch unbeschwert genießen und auskosten, dann bringen sie niemanden in Gefahr. Aber dann ist der eigentliche Treiber ein ganz anderer Anspruch. Welcher ist das? Welchen Lebenszweck meinen wir? Welches übergeordnete Lebensmotiv, das nicht schadet, sondern nützt?

Die Antwort liegt in der Unterscheidung von Innen und Außen: Wenn diese vier Motive zu Lebenszielen werden, dann werden wir für ihre Realisierung extrem auf die äußere Welt angewiesen sein. Der »Erfolg« wird erst durch die Reaktion von außen fühl- und erlebbar. Um sich erfolgreich zu fühlen, braucht man Statussymbole, prall gefüllte Einkaufstüten oder ein williges Lustobjekt. Man braucht materielle Werte und ein hohes Einkommen. Man braucht Führungsverantwortung über möglichst viele Menschen, die Nähe zu den Wichtigen. Und man braucht den Applaus, das Schulterklopfen, das Lob. Man braucht das Außen.

Nun lässt sich einwenden: Auch die bedeutsamen Tätigkeiten brauchen das Außen. Denn sie zeichnen sich dadurch aus, dass sie nicht nur für uns selbst Bedeutung haben, sondern auch Resonanz von außen erhalten. Das stimmt. Aber die Resonanz ist bei den bedeutsamen Tätigkeiten das verstärkende Element – nicht der dominierende Lebenszweck.

Wenn die zuvor beschriebenen vier Lebensziele jedoch zu Fixsternen des Lebens werden, dann werden Menschen zu »Beifalls-Sklaven«. Ihr Leben definiert sich primär über den materiellen, messbaren, vorzeigbaren Erfolg. Ein Erfolg, der hart zu erreichen ist, stets von außen kommt und nach außen hin sicht- und präsentierbar ist. Und dieser Erfolg hat die unangenehme Eigenschaft, äußerst fragil zu sein. Arbeitsplatzverlust, Börsencrash, Krankheit, unglückliche Umstände – und schon kann alles verloren sein.

Das Leben im Außen und für das Außen ist das eigentliche Problem. Wenn wir also nach einem »guten« Lebenszweck suchen, dann vermuten wir, dass er mehr mit dem Inneren des Menschen zu tun hat, mit Seele und Geist des Menschen, mit seiner Persönlichkeit, seinen Wünschen jenseits des Materiellen.

Ein solches Angebot ist im Supermarkt des heutigen Lebens aber nur schwer zu finden. Die Lebenswege und Tätigkeiten, die dort angeboten werden, sind überwiegend mit Äußerlichkeiten verbunden. Und sie sind zahlreich und ziemlich beliebig. Darum »verharren wir entweder in Unschlüssigkeit oder beschreiten einen vertrauten Weg, anstatt Fragen zu stellen, zu suchen und uns die Welt zunutze zu machen«, beschreibt es Charles Handy in seiner großartigen Biografie *Ich und andere Nebensächlichkeiten.*

Ein solches Angebot ist im Supermarkt des heutigen Lebens aber nur schwer zu finden.

Weiter: »Allerdings können wir nicht zwischen all diesen Müslipackungen wählen, wenn wir kein Kriterium haben, anhand dessen wir zwischen besseren und schlechteren Angeboten unterscheiden können. Im Leben verhält es sich nicht anders. Ohne ein Kriterium verursacht eine große Auswahl lediglich Stress.«

Und damit trifft Handy den Nagel auf den Kopf. Wir befinden uns gesellschaftlich in einer großen Krise, deren Symptome immer mit verschiedenen Formen von Stress zu tun haben, verbunden mit Orientierungslosigkeit und Sinnsuche. Den Menschen fehlt ein Kriterium, mit dem sie im schönen, großen Supermarkt des Lebens die richtige Auswahl treffen können. Der Knackpunkt ist: Dieses Kriterium finden wir nicht im Außen! Wir müssen es selbst festlegen, von innen heraus, es hat etwas mit uns ganz persönlich zu tun.

Genau darum geht es: für uns selbst ein Kriterium festzulegen, anhand dessen wir zwischen besseren und schlechteren Angeboten des Lebens unterscheiden können. Wenn wir diese Kriterien gefunden haben, dann können wir auch mühelos für uns selbst festlegen, wann wir GENUG Lust, Wohlstand, Ansehen und Macht haben.

In dem Moment, in dem wir unser persönliches ›Genug‹ festlegen, passiert etwas Bemerkenswertes: Lust, Wohlstand, Ansehen und Macht dienen nicht mehr länger dazu, Symbole unseres Erfolgs zu sein und unsere Identität zu definieren. Ein ›Genug‹ in Bezug auf diese Dinge bedeutet auch, uns mit der Frage auseinanderzusetzen, was wirklichen Wert für uns hat. Wie wollen wir uns selbst definieren? Wie wollen wir von anderen gesehen werden?

Diese Definition unseres persönlichen ›Genug‹ führt uns also geradewegs zur Suche nach einem übergeordneten Lebensmotiv. Einem Motiv, das uns hilft, das indirekte Leben, das wir führen, endlich durch ein direktes, unmittelbares Leben abzulösen, in dem eine natürliche, gesunde Ordnung der Motive herrscht.

Der Begriff des »indirekten Lebens« stammt vom Philosophen Peter Sloterdijk: »Man hat, bevor man ›eigentlich lebt‹, immer noch etwas anderes zu erledigen, noch eine Voraussetzung zu erfüllen, noch einen vorläufig wichtigeren Wunsch zu befriedigen, noch eine Rechnung zu begleichen. Und mit diesem Noch, Noch und Noch entsteht jene Struktur des Aufschubs und des indirekten Lebens, welche das System der maßlosen Produktion in Gang hält.«

Es geht also darum, das indirekte Leben hinter sich zu lassen. Angesichts der steigenden Zahl von Optionen nicht in Unschlüssigkeit zu verharren oder dem vertrauten Weg blind zu folgen, sondern Fragen zu stellen, zu suchen und Kriterien festzulegen, die uns bei unserer Auswahl unterstützen. Und natürlich hängen die gesuchten Kriterien mit den bedeutsamen Tätigkeiten zusammen. Es ist das WOZU der bedeutsamen Tätigkeiten.

Wir suchen die Hauptspeise, zu der sich die vier genannten Motive wie Beilagen oder Nachspeisen verhalten, die wir genießen, von denen wir uns aber nicht ernähren. Was ist es, wie können wir diese Hauptspeise des Lebens benennen? Wenn sie in unserer westlichen Welt so vielen Menschen fehlt, dann ist sie vielleicht in einem anderen Kulturkreis zu finden, haben wir uns gedacht.

Wir suchen die Hauptspeise zum Dessert.

Gefunden haben wir sie tatsächlich nicht in Europa. Sondern in Varanasi.

Eine Frage von Leben und Tod

Nach hinduistischer Vorstellung gilt es als besonders verdienstvoll, wenigstens einmal im Leben Varanasi, die heilige Stadt am Ganges, zu besuchen und sich durch ein Bad im Fluss von seinen Sünden reinzuwaschen. Wer das große Glück hat, am Gangesufer zu sterben, dem gilt die Erlösung als sicher. Wer nach dem Tod in Varanasi verbrannt wird und dessen Asche in den Ganges gestreut wird, entgeht dem Kreislauf der Wiedergeburt und ist besonders gesegnet. Varanasi ist eine Stadt ungeheurer Kontraste: Leben und Tod, Chaos und Ordnung, Schönheit und Elend. Dieses Sowohl-als auch, dieses Miteinander von Leben und Tod ist auch das, was uns an dieser Stadt so fasziniert hat. Wir kennen keine Stadt auf der Welt, in der wimmelndes, buntes Leben und der

Tod der Menschen so selbstverständlich nebeneinander, übereinander, miteinander verwoben sind wie dort.

Auf kleinsten, verwinkelten Räumen findet dort das komplette Leben statt: Zeugung, Geburt, Kindergewimmel, Lärm, Stille, Lernen, Lieben, Leiden, Krankheit, Sterben. Dort stehen matratzenlose Betten auf den Treppen am Fluss, die Ghats heißen und auf denen Todkranke geduldig auf das Sterben warten, während drei Meter von ihnen entfernt Kinder Geburtstag feiern. Ein paar Meter weiter wird ein Toter verbrannt, daneben schlafen Hunde in der noch warmen Asche des gestern Verbrannten, während eine Frau im Fluss die Wäsche wäscht. Die Ghats ziehen sich über sieben Kilometer am Flussufer entlang. Pilger übernachten dort neben den Einheimischen und sehen zu, wie verstorbene Schwangere, Babys oder Sadhus, die nicht verbrannt werden, mit Steinen beschwert im Fluss versenkt werden.

Der Fluss, der Ganges, ist der heilige Fluss Indiens. Aber er trägt auch den Abfall und die Exkremente dieser wimmelnden Stadt ins Meer, die Abwasserrohre münden von überall her direkt in den Strom, in dem die Menschen nach altem Ritus baden, um sich von ihren Sünden zu reinigen. Am Rand stehen die Pilger in Scharen bis zu den Knien im Wasser und beten, während die Tempelglocken läuten. Dazwischen die knipsenden und staunenden Touristen – und die fliegenden Händler, die aus der Anwesenheit der reichen Europäer oder Nordamerikaner Profit ziehen wollen. Mittendrin ein meditierender, mit Asche beschmierter Sadhu. Daneben ein urinierender Hund. Ein spielendes Kleinkind. Ein schimpfender Ladenbesitzer. Eine verbrennende Leiche. Ein anpreisender Postkartenverkäufer. Ein Eisstand. Ein drachensteigenlassender Jugendlicher. Ein werbender Bootsvermieter. Ein Masseur. Ein Yogi. Eine Kuh. Und wir mittendrin. In einem Gestank, der einem die Tränen in die Augen treibt, in einem Lärm und Stimmengewirr, das einen

Wir kennen keine Stadt, in der Leben und Tod so selbstverständlich verwoben sind wie dort.

schwindlig macht, in einer Hitze, die einem das Atmen erschwert. In einer Mischung aus banalstem, von Grundbedürfnissen geprägtem Leben und gleichzeitig einer alles durchwebenden Heiligkeit und Erhabenheit, einem geradezu surrealen Mix aus unmittelbarster, illusionsloser Direktheit des Lebens einerseits und ätherischer Transzendenz andererseits. Ein Gefühl, das unbeschreiblich ist und das vor allem eines ist: echt. Ungeschminkt. Wahr.

Varanasi ist nicht schön. Dagegen sind Heidelberg oder viele andere deutsche Städte wunderschön. Aber Varanasi ist substantiell. Berührend. Tief. Wahr.

In Varanasi gibt es kein Wegschieben und Augenverschließen vor dem Sterben und den Sterbenden. Die Todgeweihten sind ganz ruhig, sie bereiten sich einfach auf den Eintritt in die nächste Phase des großen Zyklus vor. Alle um sie herum sind dabei unaufgeregt. Der Tod hat größte Akzeptanz. Wie anders ist das bei uns, wo Kranke und Sterbende im Alltag schlicht nicht vorkommen, sondern sorgsam hinter Mauern verborgen sind.

In Varanasi herrscht ein immenses Grundvertrauen, dass alles, was den Menschen ausmacht, eben dazugehört und alles gut ist, so wie es ist.

Wer sich öffnet und wessen Seele Zugang bekommt zu diesen Menschen, der nimmt dieses ruhige Grundvertrauen in die Ordnung der Dinge wahr, das über der Stadt liegt und das wir in keiner einzigen europäischen Stadt auch nur annähernd finden können.

Daneben ein urinierender Hund. Ein spielendes Kleinkind. Ein schimpfender Ladenbesitzer. Eine verbrennende Leiche.

Uns hat es die Augen geöffnet. Das allgegenwärtige Streben nach Geld, Luxus, Ansehen, Macht und Lustgewinn sehen wir seitdem aus einer anderen Perspektive. Am Ende sind wir alle nur ein Häuflein Asche, und davor gibt es nur mehr oder weniger erfüllte Momente, die nicht aufgeschoben werden. Über allen Gassen, über allen Ghats, über den Häusern und über dem Fluss schwebt eine unmissverständliche Botschaft: JETZT. Dies alles findet jetzt statt, und es ist, wie es ist.

Es gibt kein »Wenn, dann ...«, »Zuerst noch, bevor ich ...«, »Hätte ich doch bloß ...«, »Wenn dies oder jenes, dann werde ich ...«. – Das Leben wird nicht aufgeschoben, nicht von Äußerlichkeiten abhängig gemacht. Es wird unmittelbar gelebt. Von innen heraus.

Reset

Unsere Überzeugung ist: Wir alle brauchen in unserem Leben eine innere Haltung, eine ganz persönliche und starke innere Haltung. Das ist das Fundament eines erfüllten Lebens. Diese Haltung drückt aus, was uns persönlich wichtig ist. Aus dieser Haltung werden Ziele für unser Leben gebildet. Und diese Ziele sind keine übernommenen, sondern ganz eigene Ziele, bisweilen völlig entgegen den Konventionen. Sie liegen in einer großen Bandbreite.

Um sicher zu sein, dass diese Ziele in Verbindung mit unserem Inneren stehen und nicht von außen getrieben sind, müssen wir sie ständig hinterfragen und kritisch ausleuchten: Ist dieses Ziel, dieses Vorhaben, dieses Projekt wirklich das, was mich antreibt, oder sind es von außen an mich herangetragene Ziele, die ich mir zu eigen gemacht habe? Ist das, was ich tagtäglich tue, wirklich ein Beitrag dazu, die beste Version meiner selbst zu werden?

Denn genau um das geht es uns: Die Idee der bedeutsamen Tätigkeiten wird nicht realisierbar sein für jemanden, dessen Leben von außen getrieben ist. Sie ist vielmehr unmittelbar verbunden mit einem fokussierten Blick nach innen. Damit meinen wir ein Leben, das das Ziel hat, die beste Version seiner selbst zu werden. Ein Leben, das es mir ermöglicht, das Beste aus dem zu machen, was in mir steckt. Aristoteles nannte das »eudaimonia«, übersetzt: Gedeihen. Für ihn ist Glück kein Zustand, sondern eine Tätigkeit. Glück ist eben nicht der schnelle Augenblick beim Gala-Diner im Edelrestaurant oder der neidvolle Blick der Kollegen auf meine Lufthansa-Senator-Karte, sondern die unermüdliche Entwicklung meiner Talente und Potenziale – ein ganzes Leben lang.

Das ist das gesuchte Lebensziel, das über allen anderen Zielen steht. Das zentrale Kriterium, der innere Kompass.

Dieser Weg bedeutet nicht Verzicht auf allen Ebenen: nicht Ausstieg aus dem Job, Konsumverzicht und ein Leben in der Askese. Sondern es bedeutet, dass wir »genug« sagen können und damit echte Freiheit gewinnen. Das Leben ist nicht darauf ausgerichtet, den Ansprüchen und der Anerkennung des Umfelds zu genügen. Darum brauchen wir ein »Reset« der traditionellen, üblichen Denkmodelle. Und dieser Weg beginnt bei uns selbst.

Aber er hört da nicht auf. Kultur ist die Summe der Gewohnheiten der Individuen. Diese veränderte Haltung zum Leben und zu dem, was wir täglich tun, ist ein Hebel zur Veränderung des gesellschaftlichen Systems von innen heraus. Es beginnt bei unserer Haltung und Einstellung und mündet in die Veränderung des Systems von innen heraus.

Dann beschäftigen wir uns nicht mehr mit etwas, weil eine Belohnung winkt, sondern weil die Beschäftigung selbst die Belohnung ist. Dann dienen wir nicht mehr anderen Herren, sondern unserem Selbst. Dann leben wir unsere Ideen und Ideale unabhängig davon, ob die Außenwelt applaudiert oder nicht. Dann glänzen unsere Augen nicht mehr, wenn wir vor dem Incentive stehen, wenn wir die Beförderung erhalten, wenn wir Applaus bekommen, sondern wir spüren bei dem, was wir tun, echte Passion, Begeisterung, inneres Feuer. Dann streben wir nicht mehr nach dem schnellen Glück, dem kurzfristigen Hochgefühl, das von der spontanen Ausschüttung von Endorphinen begleitet wird, sondern wir beeinflussen unsere Lebensqualität selbst nachhaltig und langfristig. Dann werden wir uns plötzlich unserer selbst bewusst. Und dann stellen wir plötzlich ganz andere Fragen …

Kultur ist die Summe der Gewohnheiten der Individuen.

Kapitel 11

Neue Fragen

Warum können Menschen nicht fliegen?

Ganz offensichtlich macht diese Frage keinen Sinn. Jedenfalls macht sie heute keinen Sinn mehr. Die Gründe, warum das so ist, sind tausendfaltig. Einer der Gründe heißt Gary Connery und sprang am 23. Mai 2012 aus 730 Metern Höhe aus einem Hubschrauber. Ohne Fallschirm. Er landete einige Hundert Meter entfernt vom Ort des Absprungs relativ sanft auf einer ungefähr 100 Meter langen Bahn aus gestapelten Kartons, in die er mithilfe eines so genannten Wingsuits, einer Art Fledermausverkleidung, hineinsteuerte. Der Mann war geflogen, kein Zweifel.

Ein anderer Grund heißt Felix Baumgartner. Er flog am 14. Oktober 2012 in einem spektakulären, auf der ganzen Welt live verfolgten »Stratos-Sprung« aus 39 Kilometern Höhe teilweise in Überschallgeschwindigkeit zurück zur Erde, zuerst im freien Fall, dann mit einem Fallschirm. Ein paar Jahre zuvor hatte sich derselbe tollkühne Österreicher ein Paar Karbonfasertragflächen auf den Rücken geschnallt und war damit im Gleitflug über den Ärmelkanal von Dover nach Calais geflogen.

Millionen anderer Gründe bedienen sich beim Fliegen der Dienste von Fluggesellschaften, setzen sich entspannt in einen Airbus oder eine Boeing und fliegen um die ganze Welt. Fliegen ist eine der sichersten Transportmethoden und heute völlige Normalität. Also: Menschen können fliegen. Natürlich nicht ohne technische Hilfsmittel. Aber mit geeigneter Ausrüstung sehr wohl.

Doch vor 150 Jahren war die Frage, warum Menschen nicht fliegen können, eine sinnvolle Frage, denn damals flog ja noch kein Mensch. Keiner wusste, wie es geht. Nein, keiner wusste, OB es überhaupt jemals gehen würde. Die meisten Menschen gingen davon aus, dass Menschen nicht fliegen können. Basta. Und sie hatten die Experten auf ihrer Seite. Der berühmte Physiker Hermann von Helmholtz hatte sich mit der Frage, warum Menschen nicht fliegen können, intensiv befasst. Er hatte wissenschaftliche Antworten gefunden und konnte berechnen, warum das so ist. In einem Vortrag vor der Preußischen Akademie der Wissenschaften erklärte er 1873 mit großer Gewissheit, es sei »kaum als wahrscheinlich zu betrachten, dass der Mensch auch durch den allergeschicktesten flügelähnlichen Mechanismus (…) in den Stand gesetzt werden würde, sein eigenes Gewicht in die Höhe zu heben und dort zu erhalten.«

Nur ein paar wenige Menschen gab es damals, die sich mit diesem Basta nicht abfinden wollten. Der französische Ingenieur Louis Mouillard etwa erforschte trotz aller wissenschaftlichen Erkenntnisse unbeirrt und intensiv den Flug der Vögel, fertigte Konstruktionszeichnungen von Fluggeräten an, konzipierte erstmals die Idee eines Motorflugzeugs und experimentierte mit Hängegleitern. Allerdings erfolglos.

Mouillard konnte keinen Beweis liefern, aber er glaubte trotzdem daran, dass Menschen im Prinzip fliegen konnten. Er wusste nur noch nicht genau, wie.

Interessant für uns ist aber sein Umgang mit der entscheidenden Frage: Er verwandelte die kühle, analysierende Frage »WARUM können Menschen nicht fliegen?« in eine neue, verheißende, tollkühne, in die Zukunft weisende Frage: »WIE können Menschen fliegen?« – Eine Frage, die eine Hypothese beinhaltet: nämlich dass Menschen fliegen können. Eine Frage, die mittels ihrer frechen Gewissheit nicht nur Neues postuliert, sondern im Effekt tatsächlich Neues in die Welt bringt. Am Anfang war das Wort, die Idee, die Vorstellung – und heute kostet das Flugticket nach Barcelona für jedermann 240 Euro.

Diese Sorte Fragen, die in ihren Voraussetzungen gegen die anerkannte Mehrheitsmeinung gerichtet sind, löst immer zweierlei aus: Die große Masse der Menschen belächelt und verspottet die experimentierfreudigen, unbeirrbaren Neuerer. Aber ein paar wenige Menschen lassen sich anstecken, sind Feuer und Flamme und folgen den Fragern nach.

Otto Lilienthal zum Beispiel folgte. Das Warum interessierte ihn genauso wenig wie Mouillard. Er erforschte das Wie. Auf der Basis von Mouillards Aufzeichnungen entwickelte und optimierte er eigene Fluggeräte. Mit ausgetüftelten Hängegleitern und nach vielen Versuchen, vom Hüpfen übers Springen bis zum immer längeren Gleiten war er der erste Mensch, der kontrolliert flog – und zwar über tausend Mal. Lilienthals letzter Flug ging leider schief und kostete ihn 1896 in Berlin das Leben.

Er glaubte trotzdem daran. Er wusste nur noch nicht genau, wie.

Die Gebrüder Wright fragten ebenfalls nur nach dem Wie. Sie bauten ein 340 Kilogramm schweres Motorflugzeug und flogen am 17. Dezember 1903 viermal, jeder Bruder zweimal. Einer der Flüge gelang über fast eine Minute und 260 Meter Entfernung. Hätte ihnen nach diesem Flug jemand die Frage gestellt, warum Menschen nicht fliegen können, sie hätten entweder verständnislos den Kopf geschüttelt oder wären in schallendes Gelächter ausgebrochen.

Guten Antworten gehen immer gute Fragen voraus. Die Qualität der Fragen bestimmt die Qualität der Antworten. Die Qualität der einen Sorte Fragen ist eine schließende, so wie bei der Frage »Warum können Menschen nicht fliegen?«. Solche Fragen verschließen Türen und begrenzen den Raum, in dem wir leben, denken, handeln. Die andere Qualität von Fragen ist eine öffnende, so wie bei »Wie können Menschen fliegen?«. Solche Fragen öffnen Türen und erweitern den Raum, in dem wir leben, denken, handeln. Hinter den öffnenden Fragen steht eine offene Grundhaltung, die Neues bejaht und nicht abwendet.

Die typischen Fragen nach den Kosten, der Dauer, der Best Practice, der Messbarkeit und der Erwartungshaltung, die wir in Kapitel 4 beschrieben haben, fallen in die Kategorie der schließenden Fragen. Sie fokussieren rein auf die Zweckdienlichkeit, den rational begründbaren, berechenbaren Nutzen. Darüber hinausgehende, öffnende Fragen verschwinden hinter der Absolutheit dieser Fragen, die unser Denken einkapseln und die Gegenwart gegenüber der unwägbaren Zukunft abschirmen.

Fragen, die auf die unmittelbare Machbarkeit einer Idee zielen, geben dem Faktischen eine so große Präsenz, dass Fragen nach dem Möglichen dagegen so schmächtig aussehen wie ein Langstreckenläufer neben Arnold Schwarzenegger. Aber das ist nur eine Frage des Kontextes. Ist der Kontext ein Marathonlauf und kein Mister-Universum-Wettbewerb, dann setzt sich der schmächtige Langstreckenläufer schon nach spätestens einem Kilometer durch.

Guten Antworten gehen immer gute Fragen voraus.

Wenn der Kontext nicht die gute Arbeit, sondern die bedeutsamen Tätigkeiten sind, müssen wir lernen, neben den berechtigten und sinnvollen Fragen nach der Zweckdienlichkeit, Berechenbarkeit und Machbarkeit auch noch andere, tiefere Fragen zu stellen, die den bedeutsamen Tätigkeiten Raum geben.

Welche Fragen sind das?

»Ja oder Nein?« – ODER: »Was wird von mir erwartet?«

Die Frage »Was wird von mir erwartet?« impliziert eine Bereitschaft des Fragenden. Nämlich das zu tun, was von ihm erwartet wird. Diese Bereitschaft ist die Voraussetzung dafür, gute Arbeit zu machen. Aber wenn ich den ganzen Tag damit beschäftigt bin, die Dinge zu tun, die die anderen wollen, dann lebe ich fremdbestimmt, im Außen, gesteuert – und dann habe ich keine Chance herauszufinden, was für mich selbst wirklich Bedeutung hat.

Die Lösung liegt nun nicht darin, ab sofort die Erwartungen der anderen vollkommen auszublenden. Vielmehr geht es darum, eine Balance herzustellen zwischen dem, was andere von mir erwarten, und dem, was für mich wirklich zählt. Und das, was für mich wirklich zählt, drückt sich in dem Wort ›Nein‹ aus. Das ist die Antwort – wenn nicht sogar die Antithese – zur Frage »Was wird von mir erwartet?«. Es ist der entscheidende Perspektivenwechsel von außen nach innen. Erwartungen werden von außen an uns herangetragen. »Die Fähigkeit, das Wort ›Nein‹ auszusprechen, ist der erste Schritt zur Freiheit«, sagt der französische Schriftsteller Nicolas Chamfort. Anders ausgedrückt: Wenn wir ›Nein‹ zu etwas sagen, ist das der Türöffner, um unser Leben zu leben und nicht das, das die anderen von mir wünschen.

Diese Haltung wird insbesondere dann auf den Prüfstand gestellt, wenn unser ›Nein‹ konträr zur Meinung der Mehrheit oder der einer mächtigeren Instanz steht. Wenn also zum Beispiel der Chef oder die Mehrheit der Kollegen ›Ja‹ meint.

Nun müssen wir nicht alle Revolutionäre werden oder ständig unseren Kopf durch die Wand rammen. Im Gegenteil, wir müssen lernen, viel öfter Widersprüche auszuhalten und zu akzeptieren, dass alle ›Ja‹ sagen, während wir ›Nein‹ sagen – oder umgekehrt.

Natürlich kann es auch Situationen geben, in denen wir trotzdem etwas tun müssen, das wir verneint haben. Beispielsweise die Anweisung des Chefs umsetzen oder uns der Mehrheitsmeinung beugen. Damit müssen wir in so einem Moment leben. Vom objektiven Ergebnis her macht es da keinen Unterschied, ob man ›Ja‹ oder ›Nein‹ sagt. Der Unterschied liegt aber in der Haltung. Die eine Haltung beugt sich der Macht und denkt sich: »Hm, da kann ich ja sowieso nichts machen, also stimme ich zu und sage erst gar nicht ›Nein‹.« – Die andere Haltung bleibt aufrecht und tut das Angeordnete, ohne sich zu beugen. Sie akzeptiert die Macht, aber nicht die Meinung. Sie sagt: »Ich habe die Freiheit und das Recht, ›Nein‹ zu sagen und dieses

›Nein‹ auch zu äußern – auch wenn ich trotzdem das ›Ja‹ ausführen muss.«

Das hat etwas mit einer bürgerlichen Grundeinstellung zu tun. Wenn ich SPD wähle und die CDU gewinnt, dann bin ich trotzdem nicht der Feind der Kanzlerin. Bin ich eventuell gegen den Stuttgarter Tiefbahnhof Stuttgart 21, aber die Mehrheit hat sich in einem Volksentscheid dafür ausgesprochen, dann akzeptiere ich das als Bürger und trage das Projekt mit. Und trotzdem nehme ich mir die Freiheit und das Recht, eine gegenteilige Meinung zu artikulieren.

Genau das hat auch der ehemalige deutsche Außenminister Joschka Fischer in bemerkenswerter Weise auf der 39. Münchner Sicherheitskonferenz vor dem Irakkrieg getan. Die Amerikaner, vertreten von Fischers Amtskollegen Donald Rumsfeld, drängten auf einen Krieg gegen den Irak Saddam Husseins, mit dem Argument, dass dort Massenvernichtungswaffen auf ihren Einsatz warteten, die die Welt bedrohten und einen die ganze Weltregion destabilisierenden Krieg auslösen konnten.

Fischer aber war grundsätzlich anderer Meinung. Er wusste sehr wohl, dass er gegen den anwesenden »Altherrenclub« von atlantischen Außenpolitik-Profis überhaupt nichts ausrichten konnte. Der Feldzug gegen Saddam war bereits eine ausgemachte Sache, die USA hatten schon eine große Streitmacht zusammengezogen und auf den Angriff vorbereitet. Das Kernargument der Amerikaner, dass es gefährlicher war, nichts zu tun, als die Gefahren eines Krieges einzugehen, fußte auf der Prämisse, dass der Irak wirklich Massenvernichtungswaffen besaß.

Ich habe die Freiheit und das Recht, ›Nein‹ zu sagen – auch wenn ich trotzdem das ›Ja‹ ausführen muss.

Aber genau das war nicht bewiesen. Und Fischer war darum nicht der Meinung der Mehrheit im Saal. Es war klar, dass sein ›Nein‹ nichts ändern würde. Der Krieg würde so oder so kommen. Aber darum ging es ihm nicht. Hier war die Grenze des politischen Schaukampfes erreicht. Jenseits dieser Linie ging es

Fischer um mehr als um das übliche Geplänkel. Es war eine Frage der Aufrichtigkeit, der Ehrlichkeit, es ging um Bedeutsames.

Fischer legte sein Redemanuskript zur Seite und begann, in kurzen, klaren, eindringlichen Sätzen einfach nur seine Meinung zu sagen. Im Saal wurde es immer stiller. Mit einer solchen Rede hatte keiner der alten Hasen gerechnet. Fischer sprach schnell und emotional. Um sicherzugehen, dass er von den Anwesenden richtig verstanden wurde, wechselte er irgendwann ins Englische über, mitten im Satz, und brachte sein Statement auf den Punkt: »… und weil wir unsere Demokratie ohne Ihre Hilfe nicht aufgebaut hätten. Nur: Meine Generation hat dabei gelernt: You have to make a case, and to make a case – Excuse me, I am not convinced! This is my problem. And I cannot go to the public and say, ›these are the reasons‹, because I don't believe in them.« – »In einer Demokratie verlangt eine zu treffende Entscheidung, dass man erst mal selbst überzeugt sein muss. Entschuldigung, aber ich bin nicht überzeugt! Und ich kann mich nicht vor die Öffentlichkeit stellen und sagen, das sind die Gründe für den Krieg, wenn ich nicht an sie glaube.«

Dies war – zumindest außenpolitisch – der wohl bedeutsamste Moment in der Karriere des Joschka Fischer. Obwohl er im Ergebnis nichts damit bewirkte! Jedenfalls verhinderte er nicht den Irakkrieg. Auf einer höheren Ebene jedoch bewirkte er mit seiner aufrechten Haltung möglicherweise eine Menge. Beispielsweise linderte seine Haltung vermutlich ein kleines Stück weit den Hass in den islamischen Ländern auf den Westen. Sie verstärkte vermutlich ein kleines Stück weit die Glaubwürdigkeit Europas und insbesondere Deutschlands in der Welt. Und vieles mehr, allerdings lauter nicht messbare Effekte. Wir sind uns allerdings sicher, dass vor allem er selbst sich nach seinem Auftritt sehr viel wohler gefühlt hat als vorher.

Dies war der wohl bedeutsamste Moment in der Karriere des Joschka Fischer.

Denn ein ›Nein‹ an der richtigen Stelle wirkt befreiend. Unabhängig davon, ob das ›Nein‹ am Lauf der Dinge etwas ändert.

Um aber an der für uns richtigen Stelle ›Nein‹ sagen zu können, müssen wir auch unser großes ›Ja‹ kennen. Was uns häufig vom Weg abbringt, sind die Dinge, die eigentlich gar nicht unseren Zielen entsprechen, die Optionen, die uns ablenken, weil sie auf den ersten Blick attraktiv erscheinen – obwohl sie auf den zweiten Blick unseren großen Zielen und Werten widersprechen. Wir bekamen beispielsweise einmal das gut dotierte Angebot, bei einer Abendveranstaltung in Wien die Dinner Speech zu halten. Nach kurzer Klärung der Wünsche und Erwartungen des Kunden war uns klar: Es geht nicht um die Sache, um die Inhalte, sondern es ging einfach um Entertainment bei einem guten Glas Wein.

Das ist ja auch ein legitimer Auftrag, gegen den nichts zu sagen ist. Es entspricht nur nicht unserem großen ›Ja‹, dem Sinn und Zweck unserer Arbeit. Weil wir genau wussten, was wir im Kern eigentlich wollen, mussten wir nur ganz kurz einen Blick tauschen, um gemeinsam zu unserem ›Nein‹ zu stehen: Pure Unterhaltung, das machen wir nicht. Wir schlugen dem Veranstalter vor, einen Comedian zu engagieren oder sonst einen Unterhaltungsprofi. Wir aber wollten unsere Zeit anders nutzen.

Die Überraschung für uns dabei war, dass unser Gesprächspartner keineswegs verschnupft war, sondern einfach nur dankbar für unsere Klarheit. Wir haben auch sonst niemals bereut, einen Auftrag abgelehnt zu haben, weil er unserem großen ›Ja‹ widersprochen hatte.

Für uns bedeutet diese Erkenntnis, dass wir nicht nur eine To-Do-Liste brauchen, sondern auch eine Don't-Liste. Wir müssen wissen, was wir NICHT wollen, damit umso deutlicher zum Vorschein kommt, was wir wirklich wollen.

Abgesehen davon, dass es unendlich Stress auslöst, ›Ja‹ zu sagen, obwohl man ›Nein‹ meint, beschenkt uns das aufrichtige ›Nein‹ mit einem Leben, das dem eigenen Takt folgt. Unserem inneren Takt zu folgen heißt, dass wir Verantwortung dafür übernehmen, selbst für uns festzulegen, welche Tätigkeiten bedeutsam sind und welche nicht – und auch, was für uns gute

Arbeit und miese Arbeit ist. Niemand kann diese Unterscheidung für uns übernehmen! Wir sind die einzigen Experten für unser eigenes Leben – niemand sonst.

Erst wenn wir diese klare Erkenntnis im Kopf haben, können wir darangehen, die bedeutsamen Tätigkeiten in unserem Leben auszuweiten. Also die Erwartungen der anderen zu managen, anstatt uns gemäß den Erwartungen der anderen managen zu lassen. Wir können dann dafür sorgen, dass die Verteilung unserer Tätigkeiten Schritt für Schritt zugunsten der bedeutsamen Tätigkeiten kippt und die anderen Tätigkeiten – die gute Arbeit und die miese Arbeit – sich nach und nach reduzieren.

Stellen Sie sich beispielsweise vor, Sie wären ein Jurist, der es gewohnt ist, im Takt seiner Kanzlei zu marschieren: Aktenberge wälzen, Schriftstücke verfassen, Referenzfälle aufspüren, Kommentare sichten. Sie machen das gut und werden dafür fair entlohnt. Alles bestens. Eigentlich gibt es da keinen offensichtlichen Grund, ›Nein‹ zu sagen. Sie wissen nur, dass das, was Sie täglich tun, für Sie nichts Bedeutsames ist. – Aber in Ihnen schlummert ein großes ›Ja‹! Was ist es, was Ihnen das Funkeln in die Augen zaubert? Sie sind vielleicht der Typ, der darin aufgeht, wenn er Talente finden und heranziehen kann: fördern, coachen, aufbauen. Oder Sie sind einer, der sich am liebsten am Gericht in einer Verhandlung sieht: Kreuzverhör, Beweisführung, rhetorische Finten, Plädoyer. Sobald Sie dieses ›Ja‹ ernst nehmen, wird das ›Nein‹ selbstverständlich: nur weg von den Aktenbergen!

Also verhandeln Sie sich zielorientiert aus dieser Situation hinaus. Ohne eine radikale Revolution einzuläuten, schichten Sie Ihren Alltag langsam um. Sie schalten sich zeitweise ins Recruiting der Kanzlei ein. Sie lernen die Leute dort kennen, Sie finden heraus, wie Sie behilflich sein könnten, Sie betreiben nebenher Talentspotting, Sie eignen sich einschlägige Fähigkeiten und Methoden der Persönlichkeitsanalyse an, Sie führen Gespräche mit den Senior Partnern der Kanzlei, um Ihr Tätigkeitsfeld nach und nach zu verändern. Oder Sie suchen mehr Möglichkeiten, im

Gericht aufzutreten. Bieten sich an. Suchen passende Fälle. Positionieren sich. Tauschen mit Kollegen. Stellen Fragen wie: Was muss ich tun, um das oder das machen zu können? Sie werden in jedem Fall aktiv. Obwohl in Ihrer aktuellen Stellenbeschreibung etwas ganz anderes steht. Ihr Antreiber und Ihre nicht versiegende Energiequelle dabei: ein klares ›Nein‹.

›Ja‹ und ›Nein‹: Zu der altbekannten, gewohnten, begrenzenden Frage »Was erwarten SIE von mir?« – wobei das SIE der Chef, der Kunde, der Kollege oder der Geschäftspartner sein kann – brauchen wir die darüber hinausgehende, öffnende Frage: »Zu welchen Dingen bin ich bereit, NEIN zu sagen?« – Das ist der Türöffner, um unser eigenes Leben zu leben und nicht das, das die anderen uns zu leben wünschen.

»Wichtig genug?« – ODER: »Wie lange dauert es?«

Zu 100 Prozent Ja zu etwas zu sagen, bezeichnet man heute neudeutsch als Commitment. Es gibt verschiedene Bedeutungsebenen für das Wort, beispielsweise gibt es sowohl ein affektives als auch ein normatives Commitment. Im ersten Fall geht es um Hingabe, Liebe und Freude, ein ganz »warmes« Ja. Im zweiten Fall geht es um Konzentration, Entschlossenheit, Entschiedenheit, ganz kühl um eine Selbstverpflichtung. Da steckt das Wort »Pflicht« drin, das für viele eine unangenehme Bedeutung hat, eine Strenge und Härte mit sich führt, das aber im Sinne des Commitments zu einer freiwilligen Bereitschaft wird, sich persönlich und mit allen Konsequenzen zu binden.

Commitment bedeutet also, etwas von ganzem Herzen zu wollen – und es dann mit aller Entschlossenheit auch zu tun. Dabei ist noch völlig unentschieden, auf was sich dieses Commitment richtet.

Sich einer Sache mit Haut und Haaren zu verpflichten, bedeutet vor allem, seine ganze Energie darauf zu fokussieren, aber auch und ganz profan: Zeit zu investieren. Und Zeit ist wahrlich unsere knappste Ressource. Kein Geld der Welt kann einen Tag auch nur um eine Sekunde verlängern. Darum ist die Entscheidung, einer Sache Zeit zu widmen, immer eine Entscheidung, anderen Dingen die Zeit zu entziehen, eine Priorisierung des einen zu Lasten des anderen. Der springende Punkt ist nun, dass wir für all die Dinge, die uns wichtig sind, offensichtlich immer Zeit haben. Keine Zeit heißt übersetzt nichts anderes als: nicht wichtig.

Wenn das aber so ist, dann ist die Frage: »Wie lange dauert es?« nur eine Scheinfrage. Wenn etwas von überragender Bedeutung für uns ist, dann ist es egal, wie lange es dauert. Und wenn uns etwas zu lange dauert, dann heißt das nur, dass es gemessen an der zeitlichen Investition keine Priorität für uns hat. »Das dauert zu lange« bedeutet im Klartext: Es ist mir nicht wichtig genug, um so viel Zeit zu investieren!

Wenn etwas zu lange dauert, ist das nie eine Frage von knappen Zeitressourcen, sondern immer eine Frage der Priorität, der Wichtigkeit. Und wenn etwas nicht wichtig genug ist, um den Zeiteinsatz zu rechtfertigen, dann lautet unsere Antwort: Fein. Dann lass die Finger davon!

Uns ist es wichtig, Bücher zu schreiben. Wer das einmal gemacht hat, der kann sich ungefähr vorstellen, welche Größenordnung von Zeit in so ein Buchprojekt fließt. Und wer es nicht weiß, der fragt uns: »Wie lange dauert es, so ein Buch zu schreiben?« Unsere Antwort lautet: »Wir wissen es nicht.«

Kein Geld der Welt kann einen Tag auch nur um eine Sekunde verlängern.

In dieses Buch flossen fünf Vorgängerbücher ein, inklusive aller Erfahrungen, die wir mit dem Schreiben dieser Bücher gesammelt haben. Es flossen Reisen mit ein. Gespräche mit Kunden. Gespräche mit Verlagen. Diskussionen unter uns oder mit Freunden. Unsere gesamte Lebenserfahrung letztendlich. Wie können wir nun exakt bemessen, wie viel Zeit wir für dieses Buch aufgewendet haben?

Es ist uns egal, wie viel Zeit es braucht, um ein Buch zu schreiben. Wir können es ohnehin nicht messen. Vorrangig ist darum eine ganz andere Frage. In unserem Fall lautet sie: Was ist unsere Botschaft, die wir in die Öffentlichkeit tragen wollen? Und: Haben wir das Commitment, diesen enormen Aufwand zu betreiben, in Form einer großen, nicht genau eingrenzbaren Investition von Zeit, Kraft und Geld, um diese Botschaft in die Welt zu tragen? Oder anders gefragt: Ist uns die Botschaft so wichtig, dass wir bereit sind, darüber ein Buch zu schreiben?

Für Unternehmen bedeutet dieser Gedankengang, dass Neuerungen und Veränderungen eben nicht allein anhand der Zeitdauer bewertet werden dürfen. Wie lange dauert es, eine Kultur in einem Unternehmen zu verändern, sie beispielsweise kundenorientierter oder innovationsfreundlicher zu machen? 3 Monate? 13 Monate? 3 Jahre? Natürlich, wir können ehrgeizige und detaillierte Projektpläne entwickeln oder unglaublich herausfordernde Zielvorgaben und Meilensteine setzen. Das Problem dabei ist, dass Pläne nicht die Welt antreiben. Nichts läuft schneller ab, nur weil im Plan eine bestimmte Zahl steht. Viel mehr als mit Zeitspannen haben Veränderungen etwas mit einer inneren Verpflichtung zu tun.

Darum müssen wir hinausgehend über die altbekannte, gewohnte, begrenzende Frage »Wie lange dauert es?« die öffnende Frage »Welches Commitment bin ich bereit, dafür einzugehen?« stellen.

Diese Art zu fragen verleiht uns die innere Einstellung, um die für uns richtigen Prioritätenentscheidungen zu treffen. Um nicht nur das zu tun, was funktioniert, was schnell und was nützlich ist, sondern um das zu tun, was wirklich zählt.

»Voranschreiten ins Unbekannte?« – ODER: »Wie lautet die Best Practice?«

Saigon ist nichts für Menschen mit Platzangst. Die Gehwege in der quirligen Metropole im Süden Vietnams dienen als Parkplatz für Tausende von Mopeds, als Marktplatz für Verkaufsstände und als Stellplatz für zahllose mobile Garküchen. Sich durch dieses Gewusel hindurchzuschlängeln und voranzukommen, ist geradezu eine Kunst. Was in dieser Stadt ebenfalls zu einer Kunstform geworden ist: die massenhafte Reproduktion von Gemälden. Ein ganzer Berufszweig ist darauf spezialisiert, die Werke namhafter Künstler zu kopieren. Ob alte Meister, Impressionisten oder Kubisten: Die Profimaler können so ziemlich jedes Bild perfekt kopieren. Sobald die Sonne aufgeht, sitzen sie in ihren kleinen Ateliers mit Verkaufsraum und malen zum hundertsten Mal van Goghs »Sonnenblumen« oder zum zweihundertsten Mal die »Mona Lisa«.

Was die Lohnmaler in Saigon produzieren, ist das Gegenteil von dem, wie sich Kunst selbst versteht: Statt um künstlerische Originalität geht es um fließbandmäßig hergestellte Reproduktionen. Der Name des Kopisten? Uninteressant.

Und genau darin liegt das Problem für den Kopienmaler. Er ist zwar handwerklich top, aber es gibt auch noch hundert andere, die ebenfalls top sind. Und wenn die Nachfrage gut ist, sind es bald zweihundert, dreihundert, fünfhundert Kollegen. Ein Kopist ist ein echter Könner im Reproduzieren von Vorlagen, aber er ist eben nicht selbst kreativ – kein Schöpfer, sondern ein »Abmaler«, kein Künstler im eigentlichen Sinne. Egal wie gut er Vorlagen kopiert, er ist prinzipiell austauschbar.

Dabei liegt in dem Kopieren ja durchaus ein Wert: Etwas möglichst exakt genauso gut zu können wie ein Vorgänger, das ist ein sicherer Weg, um etwas zum Funktionieren zu bringen. Eine exakte Kopie von van Goghs »Sonnenblumen« funktioniert aus einem gewissen Blickwinkel betrachtet genauso gut wie das Original. Und hat darüber hinaus sogar noch gewisse Vorzüge, nämlich die einfache Verfügbarkeit und den günstigen Preis. Wer einfach nachmacht, was andere vorgemacht haben, geht dabei auch überhaupt kein Risiko ein. Es ist nur eine Frage des Handwerks.

Das ist das Prinzip der Best Practice. Dieses Prinzip ist in unserer Wirtschaft zum Standard geworden. Wir fragen: Wie macht »man« das? Wie macht es der Marktführer? Wie hat das, was wir vorhaben, schon ein anderer vor uns geschafft? Und so machen wir es jetzt auch! Wir folgen dem ausgetrampelten Pfad, denn damit können wir nicht falsch liegen.

Bloß hat diese Methode eine fatale Nebenwirkung: Es ist der sichere Weg, stets zweiter Sieger zu sein. Denn Reproduktionen sind nie so wertvoll wie Originale! Ob in Kunst, Wirtschaft, Gesellschaft oder in der individuellen Lebensgestaltung: Wir können niemals etwas Besonderes schaffen, indem wir die Besonderheiten anderer kopieren. In dem Moment aber, in dem wir uns selbst, unsere Kunden, unsere Organisationen und all die Dinge, die für uns persönlich von ganz besonderer Bedeutung sind, ins Zentrum unserer Aufmerksamkeit stellen, ändert sich etwas. Dann nämlich ist es uns egal, ob den Weg, den wir einschlagen wollen, schon jemand vor uns gegangen ist. Dann sind wir bereit, Neuland zu betreten.

Der Name des Kopisten? Uninteressant.

Dieses Voranschreiten ins Unbekannte erfordert aber Vertrauen in uns selbst – Selbstvertrauen – und auch den Willen, die Verantwortung für den eigenen Weg zu übernehmen. Entweder wir haben also Selbstvertrauen und Verantwortungsbereitschaft – oder wir rufen nach der Best Practice.

Das Spannungsfeld zwischen Best Practices und dem Neuland ist zugleich auch das Spannungsfeld zwischen dem, was existiert, bewiesen ist und funktioniert, und dem, was es noch zu entdecken und zu gestalten gibt.

Die Entdeckungsreise ist es, die uns herausfordert, uns wachsen lässt und uns inspiriert. Das Verharren im Land der Best Practices hingegen nicht.

In Wahrheit gibt es keinen Weg der Best Practice für unser Leben. Es gibt nur den eigenen Weg. Und wer ihn nicht gehen will, geht letztlich nirgendwohin. Das Wissen für diesen eigenen Weg ist tief in uns drin. Wir haben das Wissen und die Weisheit in uns, um unseren Weg zu machen. Die große Herausforderung liegt vielmehr darin, unserer eigenen Weisheit zu trauen und entsprechend zu handeln.

In dem Moment, in dem wir nach der Best Practice fragen, verneinen wir unseren Anspruch auf unsere Freiheit bzw. darauf, unseren eigenen Weg zu gehen. Wer einem vorgegebenen Rezept folgt, geht von der Annahme aus, dass irgendjemand anders schon den Weg ins Neuland wüsste. Das ist ein Trugschluss, denn dort, wo schon jemand anders war, ist kein Neuland mehr. Wir selbst sind es, die verantwortlich dafür sind, unseren Weg ins Neuland zu finden. Und dieser Weg ist eben: neu.

Unsere feste Überzeugung ist: Die Angst aufzufallen, die Neigung, Risiken zu vermeiden, die Entscheidung, lieber den planierten Weg zu gehen als seinen eigenen Weg zu suchen, mit dem Strom zu schwimmen, um zum Schwarm zu gehören – das alles ist ein freiwilliges Einverständnis damit, am Ende die Hälfte des Lebens ungelebt zurückzugeben.

Zusätzlich zu der altbekannten, gewohnten, begrenzenden Frage »Wie lautet die Best Practice?« brauchen wir darum künftig die darüber hinausreichende Frage »Welches Neuland bin ich bereit zu betreten?«.

Fehler auf diesem Weg sind der Preis, den man für ein vollwertiges Leben bezahlt. – Ist der Preis sehr hoch? Nun ja, wie teuer ist die Alternative?

»Was zu tun ist« – ODER: »Wie können wir es messen?«

»If you can't measure it, you can't manage it.« – Was du nicht messen kannst, das kannst du auch nicht managen. Wir stellen immer wieder fest, dass das Messen in erstaunlich vielen Unternehmen eine nahezu gottgleiche Rolle spielt. Man kann bisweilen schon von einem Messwahn sprechen. Es gibt keinen Aspekt, der nicht in allen erdenklichen Facetten mit einer Reihe von Kennzahlen scheinbar »messbar« gemacht wird. Kennzahlen für jeden erdenklichen Aspekt der Unternehmensführung. Die betrieblichen Messgrößen sind überall; wie giftige Pilze überwuchern sie jeden Winkel des Unternehmens. Und erzeugen die Illusion der Kontrolle.

Beispielsweise wird gemessen, wie viel Prozent der Mitarbeiter an welchen Universitäten mit welchen Noten und in welcher Zeit studiert haben, im Rahmen von Beurteilungsprozessen wird nach allen Regeln der Kunst die »Performance« der Mitarbeiter gemessen. Die Ergebnisse werden dann in mannigfaltigen Korrelationen, Medianen und Standardabweichungen abgebildet – doch leider hat das Unternehmen keinen blassen Schimmer, wie attraktiv es tatsächlich für die besten Talente ist.

Und die besten Talente fragen sich: Gibt es in diesem Unternehmen überhaupt Ziele außerhalb des Erreichens der Zahlen? Will ich in einem solchen Unternehmen arbeiten? Habe ich dort die Chance, mit meiner Arbeit einen Unterschied zu machen?

Freud soll gesagt haben: »Wer nach dem Sinn fragt, ist krank.« Aus der Sicht der zahlen- und messungsfixierten Unternehmen ist das genauso. Der »Sinn« der Messerei besteht nämlich letztlich darin, täglich Zahlenberge zu produzieren. Das Messen wird viel zu häufig zum Selbstzweck, der unglaubliche Zeit- und Geldressourcen verschlingt und alle nicht messbaren Aspekte in den Hintergrund drängt.

Hinzu kommt: Das Ergebnis des Messens, die Zahlen, spricht nicht zu den Menschen. Wie auch? Leidenschaft durch finanzielle Zielgrößen? Kreativität durch Activity Based Costing? Initiative durch Kennzahlen? – Die Wahrscheinlichkeit dafür läge bei unter einem Prozent, wenn man sie messen könnte.

Klar ist Messen wichtig, klar ist wichtig, »was hinten rauskommt«. Aber wenn beim Messen nicht Maß gehalten wird, geht das auf Kosten des Engagements von Menschen.

Bevor also Dinge gemessen werden, die es nicht wert sind, gemessen zu werden, sollten wir lieber fragen, welche Dinge überhaupt wert sind, GETAN zu werden. Und das finden wir nicht heraus, indem wir irgendeine Zahl erzeugen.

Was hier für Organisationen gilt, das gilt auch für Individuen: Menschen, die sich regelmäßig die Frage stellen, was wichtig und was unwichtig ist, was also getan werden sollte und was nicht, gestalten ihr Leben bewusst. Und das verleiht ihnen eine gewisse Kontrolle über ihr Leben – Kontrolle ganz ohne Controlling. Sie fragen sich permanent, ob ihr Leben auch tatsächlich ihren Wünschen entspricht, und richten ihren Weg danach aus, was ihnen am Herzen liegt. Das ist ein entscheidender Punkt für ein Leben, das für das Individuum selbst bedeutsam ist.

Die Frage nach den Dingen zu stellen, die es wert sind, getan zu werden, erfordert, dem Leben mit Wachheit zu begegnen. Dazu muss ich das Leben selbst anschauen, nicht dessen Repräsentationen. Am Blutdruck, den Leberwerten und dem elektrischen Widerstand der Haut kann niemand das Glück, den Erfolg oder die Erfüllung eines Menschen ablesen. Wenn wir unser Leben und die Dinge, die wir tun, nicht permanent mit wachen Sinnen überprüfen, um sicherzugehen, dass die Ausrichtung noch stimmt, besteht die große Gefahr, das Leben eines anderen zu führen. Wir beschreiten einen Pfad, der nicht unser eigener ist.

Leidenschaft durch finanzielle Zielgrößen? Kreativität durch Activity Based Costing? Initiative durch Kennzahlen?

Besser als Messen ist ein ständiges Nachdenken und Nachfragen, ob das eigene Leben noch in die richtige Richtung verläuft, und dessen fortlaufende Anpassung, so dass es unseren

Vorstellungen noch mehr entspricht. Der Schlüssel dazu: Wir müssen uns regelmäßig die Zeit nehmen, um über das eigene Leben und das, was wir tun, nachzudenken.

Die Frage ist also: Investiere ich Zeit und Kraft in die Selbstreflexion oder führe ich ein gebrauchtes Leben und nehme alles, wie es kommt, ohne mich zu fragen, wie es meiner gewünschten Zielrichtung näher kommen kann?

Es geht im Kern darum, absichtsvoll zu leben. Dazu gehören fünf wesentliche Fragen:

- Gibt diese Tätigkeit mir etwas, das mich am Ende des Tages eine »gute Müdigkeit«, eine »erfüllte Erschöpfung« spüren lässt? Damit meinen wir das Gefühl, am Ende eines Tages viel Energie eingesetzt zu haben für Dinge, die es wert sind, getan zu werden. Eine Energie, die von innen kommt und nach außen abstrahlt. Diese Sorte Energieverlust tut gut, und das Reservoir, das von innen heraus ständig wieder kompensiert wird, ist wie ein Füllhorn.
- Ist diese Tätigkeit auf das ausgerichtet, was mir wirklich wichtig ist? Hat diese Tätigkeit Bedeutung für mich?
- Liefert diese Tätigkeit einen Wertbeitrag für andere? Korreliert die Bedeutung für mich also auch mit einer Bedeutung für andere? Bekomme ich dadurch zwischen mir und den anderen eine Form von Resonanz?
- Hilft diese Tätigkeit mir dabei, zu wachsen, zu lernen und mich weiterzuentwickeln?
- Bin ich dankbar, dass ich diese Aufgabe erledigen kann, und habe ich das Gefühl, dass meine Lebenszeit hier gut investiert ist?

Letztere Frage führt zu einer der wichtigsten Fragen überhaupt: Gibt uns das, was wir tun, das Gefühl, dass wir mit unserem Handeln irgendetwas bewirken können? Die Dinge, die uns das Gefühl geben, einen Unterschied zu machen, sind die Dinge, die es wert sind, getan zu werden. Und diese Dinge sind nicht notwendigerweise solche, die das Potenzial in sich tragen, die ganze Welt zu retten. Robert Kennedy hat geschrieben: »Nur wenige besitzen die Größe, die Geschichte zu beeinflussen; aber jeder von uns kann daran arbeiten, einen kleinen Teil der Ereignisse zu verändern. Und in all diesen Handlungen zusammengenommen liegt das, was als Geschichte einer Generation niedergeschrieben wird.«

Darum sollten wir hinausgehend über die Frage »Wie können wir es messen?« viel öfter die Frage stellen: »Welche Dinge sind es wert, getan zu werden?«

Natürlich ist die Frage »Wie können wir es messen?« wichtig, und das Ergebnis kann Fortschritt dokumentieren und unterstützen. Aber den wirklichen Wert einer Sache zu messen ist schon deutlich schwerer. Die Frage »Welche Dinge sind es wert, getan zu werden?« hilft uns zu definieren, was wir wirklich wollen. Und dann sollten wir das tun, was einen Unterschied macht, egal wie schwer es zu messen ist.

»Die Kalkulation des Unmessbaren« – ODER: »Was kostet es?«

Bertrand Piccard ist auch so ein Grund dafür, dass die Frage, warum Menschen nicht fliegen können, heute keinen Sinn mehr macht. Der Schweizer Psychiater, Wissenschaftler und Abenteurer kann fliegen. Ohne Kerosin. Tag und Nacht. Um die ganze Welt.

Letzteres muss er zwar noch beweisen, aber sein Fluggerät, das Solarflugzeug »Solar Impulse«, gibt es schon. Es funktioniert und wird intensiv getestet. Von Madrid übers Mittelmeer nach Rabat in Nordafrika ist es bereits geflogen: der erste solargetriebene Interkontinentalflug. Die Weltumrundung ist für den Sommer 2014 geplant.

Egal ob er an seinem hohen Ziel letztlich scheitert: Verlieren kann Piccard schon jetzt nicht mehr. Selbst wenn er mit einem Abbruch des Projekts den Ruf seiner berühmten Abenteurerfamilie beschädigen könnte – sein Großvater war der erste

Mensch in der Stratosphäre, sein Vater war der erste Mensch im Marianengraben, am tiefsten Punkt der Tiefsee –, selbst wenn er abstürzen würde, der Preis ist bereits einkalkuliert, und er ist ihm nicht zu hoch. Aus Sicht von Piccard ist das Scheitern integraler Bestandteil dieses Projekts. Er hat für sich die Wahl getroffen: Der Worst Case wäre immer noch besser als gar kein Case!

Diese Kalkulation war ihm von Anfang an bewusst, als er das Projekt startete. Für Piccard spielen die Kosten nicht die alles entscheidende Rolle. Als wir bei einem Kongress in Dresden mit ihm gemeinsam hinter der Bühne standen und auf unseren Auftritt warteten, sagte er uns, dass es ihm bei seinem Vorhaben um etwas ganz anderes geht. Und zwar um nichts weniger als um einen Bewusstseinswandel in der Welt, die so schnell wie möglich vom Verbrauch fossiler Energien auf erneuerbare Energien umstellen muss. Darum will er mit seinem Rekordflug zeigen, was mit Photovoltaik und Batterietechnik schon heute technisch möglich ist, wenn man nur will. Das finanzielle Volumen der Aktion? Unbestimmt! Der finanzielle Nutzen der Aktion? Unbestimmt! Die Frage nach den Kosten? Wertlos! Die Frage nach dem Wert? Unendlich kostbar!

Das bedeutet keineswegs, dass Sie ein Visionär vom Schlage Piccards sein müssen. Es geht vielmehr darum zu verstehen, dass Veränderung und Weiterentwicklung kein Preisschild haben. Der Preis ist vielmehr einfach der Preis, den wir bereit sind zu zahlen. Die Währung ist unser Wille, der Wechselkurs ist unser Mut, und die Rendite hängt von unserem Engagement ab, das es braucht, um den Weg ins Neuland zu gehen und auch die Widerstände auf diesem Weg zu überwinden.

Der Worst Case wäre immer noch besser als gar kein Case!

Der Unterschied liegt darin, dass es bei der Frage »Was kostet es?« um die wirtschaftlich messbaren Kosten geht. Hingegen ist die Frage »Welchen Preis bin ich bereit zu zahlen?« immer eine ganz persönliche Messgröße.

Wenn wir über Kosten oder Budgets reden, betrifft das meistens das Geld anderer Menschen, über das wir in diesem

Zusammenhang verfügen. Und wenn es nicht unser eigenes Geld ist, dann fühlt sich der Wetteinsatz auch nicht so hoch an. Wenn wir den Wetteinsatz erhöhen wollen, so dass alle Entscheidungen auch echte Konsequenzen in sich tragen, dann machen wir das besser zu einem ganz persönlichen Einsatz, verbunden mit der Frage: Welchen Preis bin ich bereit zu zahlen?

Der ultimative Preis ist unsere Bereitschaft, auch zu stolpern und uns dabei auch Blessuren einzuhandeln. Auch die schlechtesten Szenarien einmal durchzuspielen, führt zu einer realistischeren Einschätzung darüber, ob der persönliche Preis letztlich zu hoch ist oder nicht.

John Izzo schreibt in seinem wunderbaren Buch *Die fünf Geheimnisse, die Sie entdecken sollten, bevor Sie sterben* über seine Interviews, die er mit älteren Menschen geführt hat. Er befragte Menschen zwischen 60 und 106 Jahren. Aus den unterhaltsamen und nachdenklich stimmenden Antworten der Interviewten spricht Weisheit.

Izzo schreibt: »Es wurde offensichtlich, dass wir am Ende unseres Lebens nicht die Risiken bereuen, die wir eingegangen sind, selbst wenn sich unsere Entscheidung womöglich weniger positiv ausgewirkt hätte, als wir es uns gewünscht hatten. Nicht einer der Befragten meinte, er hätte bedauert, etwas versucht zu haben, was dann schiefgegangen ist. Die meisten sagten, sie seien nicht genug Wagnisse eingegangen. (…) Ein Wagnis einzugehen – und sei es noch so klein – kann weitreichende Folgen für den Verlauf eines Menschenlebens haben.«

Das zu tun, was für uns bedeutsam ist, kostet uns etwas. Bedeutsames wird von der Welt nicht gratis frei Haus geliefert. Und der monetäre Aspekt ist dabei der kleinste Punkt. Indem wir die Dinge tun, die für uns bedeutsam sind, und nicht die Dinge, die einen schnellen Return on Investment haben, verhalten wir uns konträr zur gesellschaftlichen Norm.

Aber klar ist auch: Der Versuch, der gesellschaftlichen Erwartung zu entsprechen, mündet in der Regel in die altbekannte gute Arbeit.

Nun, dagegen ist im Prinzip nichts zu sagen. Aber wir müssen uns auch darüber klar sein, dass es bedeutet, die bewussten oder unbewussten, ausgesprochenen oder unausgesprochenen Erwartungen, die unser Umfeld an uns stellt, zu erfüllen. Das Gemeine daran ist aber, dass wir die Erwartungen der anderen oft so sehr verinnerlicht haben, dass wir sie für unsere eigenen halten. Und dann handeln wir oft schon reflexhaft und im vorauseilenden Gehorsam konformistisch – und damit entgegen dem, was für uns selbst bedeutsam wäre. Trotz aller Rhetorik belohnt unsere Gesellschaft den Weg ins Neuland letztendlich nicht. Gestellt werden die W-Fragen: Was kostet es? Wo hat das auch schon funktioniert? Wie lange dauert es? – Aber wenn wir Bedeutsames tun, haben wir meistens keine fertigen Antworten auf diese Fragen.

Das ist der Preis, den wir bereit sein müssen zu zahlen. Wenn aber der subjektive Wert, den wir einem Vorhaben beimessen, hoch genug ist, dann sind wir bereit, die Enttäuschung der anderen einzupreisen.

Hinausgehend über die Frage »Was kostet es?« brauchen wir darum künftig die Frage »Welchen Preis bin ich bereit zu zahlen?«.

Freigefragt

»Welchen Preis bin ich bereit zu zahlen?«, »Welche Dinge sind es wert, getan zu werden?«, »Welches Neuland bin ich bereit zu betreten?«, »Welches Commitment bin ich bereit einzugehen?«, »Zu welchen Dingen bin ich bereit, ›Nein‹ zu sagen?« – Viele stellen sich diese Fragen niemals. Und dringen darum nicht zum Wesentlichen vor. Zum für sie wirklich Bedeutsamen.

Die Antworten auf diese Fragen fallen uns auch nicht leicht. Es ist viel einfacher, die typischen und völlig berechtigten Fragen der guten Arbeit nach den Kosten, der Zeitdauer oder den Erwartungen der anderen zu beantworten. Aber auch wenn es keine schnellen Antworten gibt: Damit wir unser Leben in seiner Tiefe erfahren können und damit wir die Chance haben, die beste Version unserer selbst zu werden, müssen wir auch diese schwierigen Fragen stellen und zu beantworten versuchen.

Unser Ziel sollte sein, Leben und Arbeiten miteinander zu integrieren. Eine Balance von beidem im Sinne der Work-Life-Balance ist ein Nullsummenspiel, in dem unser Privatleben verliert, sobald die gute Arbeit gewinnt – und umgekehrt. Dieses Denken müssen wir überwinden und erkennen, dass sowohl gute Arbeit als auch bedeutsame Tätigkeiten schlicht Bestandteile unseres Lebens sind: Wir leben auch dann, wenn wir wenig aufregende, routinierte gute Arbeit erledigen, und wir leben auch dann, wenn wir bedeutsame Tätigkeiten tun, die uns das Funkeln in die Augen zaubern. Je mehr wir von Letzterem bekommen können, desto besser.

Aber wenn wir diesen Lebensbereich stärken wollen, dann können wir das nur, indem wir andere Fragen stellen. Diese anderen Fragen stehen stellvertretend für ein selbstbestimmtes Leben. Sie werden gestellt von Menschen, die sich die Freiheit nehmen, die Dinge zu tun, die nicht nur kurzfristig glücklich machen, sondern langfristig eine tiefe Bedeutung für sie und für andere haben.

Die Unsicherheit zeigt, dass wir die Grenzen unserer persönlichen Wohlfühlzone erreicht haben.

Diese neuen Fragen und das daraus resultierende Handeln sind mit Unsicherheit verbunden. Es ist die Angst vor dem Unbekannten, die es so herausfordernd macht, Veränderungen zu riskieren. Die Unsicherheit zeigt, dass wir die Grenzen unserer persönlichen Wohlfühlzone erreicht haben. Wir sind dabei, diese Grenze zurückzudrängen und neuen Raum in unserem eigenen Leben einzufordern.

Wir müssen es schaffen, diese Unsicherheit als eine Tatsache im Leben zu akzeptieren und nicht mehr als Hindernis, das uns davon abhält, diesen Weg zu gehen. Dass wir Unsicherheit erleben, immer dann, wenn wir uns in unbekanntes Territorium vorwagen, ist völlig in Ordnung. Der Trick ist, die Unsicherheit zuzulassen und trotzdem zu handeln. Und dann passiert oft etwas Wunderbares: Die Unsicherheit löst sich auf, sobald wir ins Handeln kommen.

Das geht uns ganz genauso: In unserer Rolle als Redner und als Autoren haben wir immer wieder Unsicherheiten, z.B. wie andere Menschen uns beurteilen. Und diese Beurteilungen kommen in den unterschiedlichsten Formen: z.B. als Applaus nach einem Vortrag, als Kommentar zu einem Blogbeitrag von uns oder als kritische Rezension bei Amazon. Über Letzteres freut sich niemand – wir nicht und auch kein anderer Autor. Aber unser Credo ist, dass wir es nicht zulassen, dass unsere Sorgen und Unsicherheiten uns davon abhalten, das zu tun, was wir für wichtig und richtig halten.

Die Angst vor Kritik ist nichts Schlechtes. Denn sie treibt uns auch voran, sie hält uns in Bewegung. Und sie ermahnt uns, die richtigen Fragen zu stellen, bevor wir blind in Risiken rennen. Die Angst ist der Preis der Freiheit. Der Freiheit, Großartiges zu tun.

Kapitel 12

Die Freiheit, Großartiges zu tun

Ich habe entdeckt, dass es einen unglaublich kraftvollen Indikator für dieses Ja zu einem Leben in Verantwortung gibt (...). Schauen Sie sich die Gesichter der Menschen an, wenn sie einen Brand gelöscht, ein Fußballspiel gewonnen oder eine Symphonie gespielt haben – und Sie spüren, wovon ich rede (...).

JOACHIM GAUCK, IN »FREIHEIT – EIN PLÄDOYER«

Unser heutiger Bundespräsident war vor der Wende zusammen mit seiner Familie Insasse der DDR. So hat er es selbst bezeichnet. Allerdings war er ein freiwilliger Insasse. Aus dem Westen, wo man schon früh auf ihn und seine halsstarrig-freiheitsliebende, christlich-seelsorgerische und kritisch-öffentlichkeitswirksame Arbeit aufmerksam geworden war, hatte er attraktive öffentliche Ämter angeboten bekommen. Wolfgang Schäuble beispielsweise schätzte ihn als einen »sehr selbstbewussten, engagierten Mann, der genaue Zielvorstellungen und hohe moralische Ansprüche« hat.

Aber sosehr Gauck die Freiheit liebte, er verspürte eine Verpflichtung, in der Unfreiheit der DDR zu bleiben und »hilfreich« zu sein. Als eine Freundin von ihm ausreiste, sagte er ihr: »Es müssen doch welche bleiben, die dafür eintreten, dass am Ende die Wahrheit siegt. Ist es dir nicht mehr wichtig, die Verhältnisse zu ändern?«

Die vielen Ausreisenden machten ihn traurig, aber er akzeptierte ihre Entscheidung. Ja, oft half er ihnen sogar dabei. Beispielsweise setzte er sich als Mann der Kirche wirksam für die schnelle Ausreise von inhaftierten Jugendlichen ein. Aber als

1984 auch seine beiden Söhne Christian und Martin einen Ausreiseantrag stellten, traf ihn das hart.

Ihm war klar, dass seine Kinder in der DDR nicht nur keine berufliche Zukunft, sondern ganz praktische, massive Schwierigkeiten hatten, denn sie waren gebrandmarkt als die Söhne »des Pastors«. Die Lehrer verhöhnten und mobbten die Kinder in der Schule, gaben ihnen willkürlich schlechte Noten und dergleichen. In einem Pastorenhaus aufzuwachsen war damals in der DDR kein Zuckerschlecken. Ein Studium würde ihnen verwehrt bleiben, so viel war sicher. Die Repressalien wurden für die beiden jungen Männer immer unerträglicher. Was lag da näher als die Ausreise?

Aber Joachim Gauck war dagegen. Er fand die Haltung seiner Söhne unsolidarisch, er verhärtete sich gegen sie und verweigerte ihnen jede Hilfe. Sosehr er sich als Vater wünschte, dass es seinen beiden Söhnen besser ginge – und im Westen würde es ihnen zweifellos besser gehen –, ihre Ausreise fühlte sich für ihn nicht richtig an.

Drei Jahre dauerte die Bearbeitung des Antrags. Und das waren sicher keine fröhlichen Jahre in der Familie Gauck. Die persönlichen Bedürfnisse, die kleine private Vernunft, das Verständnis, die besten Wünsche für die Zukunft und die geballte Elternliebe für die eigenen Kinder standen auf der einen Seite und trafen auf die Sturheit, das Bewusstsein für das Große und Ganze, die nicht enden wollende, ganz unwahrscheinliche Hoffnung auf gesellschaftliche Veränderungen, die integre Haltung, den Stolz des Aufrechten, das unbeirrbare Gefühl für Richtig und Falsch und den Mut zum Kampf für das Gute auf der anderen Seite. Wir wissen nicht, wie sehr in der Familie gestritten wurde, aber harmonisch verlief diese Zeit sicherlich nicht. Hinzu kamen die Angst vor dem endgültigen Abschied und die Trauer über die bevorstehende Trennung … Und dann war es so weit.

Im Dezember 1987 stand die Familie Gauck zweimal im Abstand von nur zwei Tagen auf dem Gleis 9 des Bahnhofs in Rostock und nahm Abschied. Christian und Martin gingen. Sie gingen für immer, und die Familie hatte keine Gewissheit, einander jemals wiederzusehen. Mit den beiden Söhnen gingen die beiden Schwiegertöchter und die drei Enkel von Joachim Gauck. Wir stellen uns die Szenen auf dem Bahnhof unendlich traurig vor.

Sieben der geliebtesten, wichtigsten, unverzichtbarsten Menschen im Leben von Joachim Gauck wurden ihm in diesem Moment von der Macht der Geschichte aus dem Herzen gerissen. Alles weinte. Seine Frau brach zusammen. Nur Joachim Gauck blieb hart, auch in dieser Stunde. Er verbot sich die Tränen und die Trauer, denn tief in ihm war der Widerstand zu groß. Er wollte sich der Macht des Faktischen einfach nicht beugen, auch und gerade jetzt nicht. Er wollte stark bleiben. Später schrieb er: »Ich wünschte mir, sie würden bleiben und die Reihen der Andersdenkenden verstärken – hier, bei uns, in der DDR. Sie gehören doch zu uns, sagte mir mein Herz, zu denen, die alles verändern wollen, zu denen, die nicht fliehen, sondern stehen (…).«

Und das waren sicher keine fröhlichen Jahre in der Familie Gauck.

Die Tränen kamen später, als er alles aufschrieb. Und sie kommen noch heute, über 25 Jahre später, nachdem der ganze Spuk vorbei ist und keine Mauer mehr die Familie trennt. Wenn Joachim Gauck in Lesungen aus seinem Buch *Winter im Sommer – Frühling im Herbst* zu den Stellen kommt, wo er das Weihnachtsfest 1987 schildert, wo er von dem »Schock« berichtet, den der Abschied auf dem Rostocker Bahnhof in seinem Leben auslöste, dann springen ihm die Tränen aus den Augen. Immer und immer wieder. Die Trennung der Familie hatte sich damals angefühlt »wie ein Tod«, und dieses Gefühl hatte sich so tief in seine Seele eingebrannt, dass es nie wieder verschwand – und wohl nie wieder verschwinden wird.

Für das, was er für richtig hielt, wozu er sich verpflichtet fühlte, wozu er sich verantwortlich fühlte, was für ihn selbst überragende Bedeutung im Leben hatte, für sein höchstes Lebensziel war Joachim Gauck bereit gewesen, die größten persönlichen Opfer zu bringen. Die Kosten gegen den Nutzen aufzurechnen, einen vernünftigen Deal zu machen, das ist ihm niemals in den Sinn gekommen. Es ging um Größeres – und das ist niemals billig zu haben.

Diese Szene auf dem Rostocker Bahnhof macht uns Gänsehaut. Es ist eine Schlüsselszene, sie beinhaltet für uns den Kern dessen, was wir Ihnen in diesem Buch mitteilen wollen. Da ist ein Familienvater, der sein höchstes Lebensziel, weit jenseits von Geld, Ruhm, Macht und Lust, mit aller Konsequenz verfolgt, auch unter großen persönlichen Kosten. Einer, der keinen Deal macht. Einer, der als mündiger Bürger mit allergrößter Leidenschaft und echtem Engagement für seine Ideale kämpft. Einer, der seine eigene Perspektive behält und seine eigenen Fragen stellt und sich weigert, die Perspektiven und Fragen der Mehrheit um ihn herum anzunehmen. Einer, der von innen nach außen lebt und genau weiß, was für ihn bedeutsam ist.

Dabei ist auch er kein Heiliger und kein perfekter Mensch. Wer ist das schon? Aber er zeigt uns durch die Entscheidungen, die er in seinem Leben getroffen hat, wie wir unsere Haltung in drei ganz bestimmten Punkten verändern können. Und je stärker wir diese veränderte Haltung in unserem Leben verankern, desto mehr wird sich der Anteil der guten Arbeit zugunsten der bedeutsamen Tätigkeiten verschieben. Diese Veränderung ist keine plötzliche, radikale. Das Leben hat keinen Kippschalter. Es ist eher wie ein Deckenfluter mit Dimmer, wir können den Schieberegler ganz langsam von der einen Seite zur anderen Seite bewegen, und das Licht wird stärker werden.

Diese Szene auf dem Rostocker Bahnhof macht uns Gänsehaut.

Diese langsame, kontinuierliche Bewegung ist das, was wir uns für Sie wünschen. Es ist die Bewegung, die Sie mehr und mehr in Richtung der bedeutsamen Tätigkeiten bringt.

Die folgenden drei Punkte sind von maßgeblicher Bedeutung für diese veränderte Haltung.

Vom Zynismus zum Idealismus

Der erste Punkt ist die kontinuierliche Bewegung weg vom Zynismus und hin zum Idealismus.

Zynismus ist weit verbreitet, allgemein akzeptiert und darum gar nicht so leicht zu erkennen. Er ist eine Haltung, die wir durchaus verstehen können: Zynismus ist »eine Form individueller Selbstbehauptung angesichts einer allgemeinen Sinnlosigkeit«. So drückte es der Berliner Religionsphilosoph Klaus Heinrich aus.

Wenn wir also etwas als vollkommen sinnlos empfinden, machen wir uns darüber lustig – aus reinem Selbstschutz, um nicht daran zu verzweifeln. Das befreiende Lachen, das beispielsweise der Berufszyniker Harald Schmidt auslöst, wenn er über ernste Dinge billige Scherze reißt, hilft dem Publikum, mit der politischen und gesellschaftlichen Realität klarzukommen, in der wir uns oft orientierungslos verloren fühlen.

Dieselbe Funktion, nur mit dem Fokus auf die Arbeitswelt, haben der von Christoph Maria Herbst gespielte »Stromberg« in der gleichnamigen Fernsehserie oder die weltweit verbreitete Comicserie »Dilbert« von Scott Adams. Der Erfolg dieser Formate ist bemerkenswert. Ganz offenbar treffen diese Zyniker massenhaft einen Nerv in der Gesellschaft.

Aber sosehr wir das verstehen, so wenig sind wir damit einverstanden. Denn Zyniker erklären sich im Effekt aus freien Stücken als machtlos – und ergeben sich. Wir halten Dilbert für ein armseliges Würstchen, einen Waschlappen. Wann hat er sich das letzte Mal gewehrt? Wann hat er auch nur einmal wirklich für eine Idee gekämpft? Die zynische Haltung, die diese Figur so gekonnt verkörpert, hat zur Folge, dass sich nichts verändert. Sie akzeptiert den Status quo und arrangiert sich damit – und sei das auch noch so witzig.

Das Leben hat keinen Kippschalter. Es ist eher wie ein Deckenfluter mit Dimmer.

Zynismus ist keine Haltung, die wir einnehmen können, wenn wir einen Unterschied machen wollen – in unserem Leben und in unserem Umfeld. Sobald wir unsere wahren Lebensziele reflektieren und beginnen, zusätzlich zu den von außen geforderten Fragen auch die eigenen, von innen heraus getriebenen Fragen zu stellen, werden wir – ganz automatisch – den Schieberegler im Kontinuum unseres Lebens in Richtung Idealismus verschieben.

Joachim Gauck ist so ein Anti-Dilbert, einer, der auf dem Weg weg vom Pol des Zynismus und hin zum Pol des Idealismus in seinem Leben weit gekommen ist. Er erzählte beispielsweise im Gespräch mit dem Journalisten Dieter Bub: »Ich war lange Jahre in einer Plattenbausiedlung in Rostock-Evershagen im Nordwesten, wo 100 000 Menschen im Beton wohnten, ohne kirchliche Tradition. Ich habe dort eine Gemeinde gegründet, wir hatten auch keine Kirche und kein Pfarrhaus, aber es ging voran. (…) Wir haben durchgesetzt, dass wir nicht nur über die Dritte Welt sprachen. Wir haben gesagt: ›Leute, hier bei uns gilt es, etwas zu verändern‹.«

Wir halten Dilbert für ein armseliges Würstchen, einen Waschlappen.

Genau: Idealisten wollen Dinge verändern. Sie glauben an eine bessere Zukunft und kämpfen dafür. Idealisten, so wie wir sie verstehen, sind keine Träumer, sondern Macher und Kämpfer für eine Sache, an die sie glauben.

In der Arbeitswelt bedeutet das beispielsweise, alte und überholte Führungsstrukturen reformieren zu wollen, gegen Mittelmäßigkeit und laue Ideen zu kämpfen, dem Unternehmen verpflichtet zu sein, aber nicht dem Mainstream der herrschenden Dogmen und Überzeugungen im Unternehmen. Idealisten agieren als verantwortliche Mitglieder des Unternehmens, aber sind auch eine Quelle alternativer Ideen und Veränderungen. Sie stellen die bestehenden Verhältnisse auf zweierlei Weise in Frage: erstens durch die Weigerung, sich anzupassen, und zweitens durch ihr bewusstes Hinterfragen des Status quo. Aber nicht durch ihre Kündigung, weder durch eine schriftliche noch durch eine innere Kündigung!

Sie sind Nonkonformisten und gleichzeitig lebenstüchtige

Pragmatiker, die nicht flüchten, sondern im System bleiben, um sich dort mit aller Kraft für eine bessere Zukunft einzusetzen.

Ein Idealist ist immer ein Handelnder, denn er weiß, dass er etwas bewirken muss und nicht darauf warten kann, dass etwas von selbst geschieht. Das ist der Unterschied zu den Zynikern: Die handeln nicht, sondern flüchten sich in ihre kritische, manchmal witzige, aber immer distanzierte Haltung.

Joachim Gauck ist ein Anti-Dilbert.

Nein, der Idealist mischt sich ein. Er fühlt sich nicht ohnmächtig oder als Marionette der äußeren Umstände. Das muss nicht bierernst oder verbissen sein, auch Idealisten haben Humor. Aber so oder so überbrücken sie die Distanz und werden zu Akteuren mit der besten Absicht.

So stellen sie eine direkte Verbindung her zwischen dem, wofür sie brennen, und dem, was sie täglich tun. Idealisten pflegen ihre Ideale täglich, sie arbeiten an ihrem Denken und achten ihre Grundsätze bei allem, was sie tun. Dadurch entwickeln sie sich permanent weiter und stoßen immer weiter zu sich selbst vor. Friedrich Nietzsche nannte diesen Weg: »Werde, der du bist.«

In unserer Kultur, die in erster Linie auf alles Pragmatische und Materielle fokussiert, spielt Idealismus aber nur eine Nebenrolle. In der Wirtschaft hat Idealismus sogar einen negativen Beigeschmack. Dort wird Idealismus als Unwille oder – schlimmer noch – als Unfähigkeit wahrgenommen, die Welt so zu sehen, wie sie ist. Als Idealist bezeichnet zu werden, ist selten schmeichelhaft gemeint, sondern eher als Vorwurf. Idealismus gilt als etwas für Kinder, als Zeichen von Unreife, die in der Welt der Erwachsenen, wo Messbarkeit und sofortige Ergebnisse die einzig akzeptablen Antworten sind, keinen Platz hat: unprofessionell, unrealistisch, irrelevant, naiv.

Zynismus ist so durchsetzungsfähig, weil er im Gegensatz zum Idealismus die Erfahrung und das Bewährte auf seiner Seite hat. Die Folge ist, dass Idealisten in aller Regel diskreditiert und sogar als Dummköpfe geschmäht werden.

Aber sobald sie etwas erreicht haben, werden die Idealisten zu Lichtgestalten in unserer Gesellschaft. Keiner, der sich ernsthaft mit ihnen auseinandergesetzt hat, würde Bono, Bob Geldof oder Mohammed Yunus herabwürdigen, drei Idealisten, die sich für die Abschaffung der Armut engagieren. Oder Jaime Lerner, den Bürgermeister der brasilianischen Millionenstadt Curitiba, der mit Idealismus die Idee verfolgt, dass jede Stadt der Welt innerhalb von wenigen Jahren zu einer lebenswerten Stadt werden kann. Oder Salman Khan, den Mann, der das Lernen weltweit revolutioniert hat, indem er kostenlose, überall abrufbare, hochqualitative Lernvideos für Schüler ins Internet gestellt hat. All diese Menschen sind Idealisten, die bereits Spuren auf der Welt hinterlassen haben und die deshalb über zynische Kommentare erhaben sind.

Idealismus? – Unprofessionell, unrealistisch, irrelevant, naiv!

Darüber hinaus sind diese Idealisten allesamt realistische, bodenständige, pragmatische Menschen, weder naiv, noch blind, noch träumerisch. Einen der größten Idealisten Deutschlands haben wir in dieser Hinsicht auf unserer Seite: »Ich bin der Meinung, dass die Probleme der Welt und der Menschheit ohne Idealismus nicht zu lösen sind. Gleichwohl glaube ich, dass man zugleich realistisch und pragmatisch sein sollte.« … sagt Helmut Schmidt.

Vom Tauschhandel zum echten Engagement

Der zweite Punkt ist die kontinuierliche Bewegung weg vom Tauschhandel und hin zum echten Engagement. Auch hier geht es nicht darum, den Kippschalter zu betätigen und nur noch echtes Engagement zu leben. Vielmehr geht es um die Bewegung: Weg von … hin zu …

Warum ist das so wichtig? Weil die Idee des Tauschhandels uns in der guten Arbeit verharren lässt.

Dem Tauschhandel liegt ein Verhalten zugrunde, das Ökonomen als klassischen Antrieb für menschliches Verhalten charakterisieren: das Eigeninteresse. Die oft laut, aber noch öfter im Stillen gestellte Frage lautet daher: Was bringt es mir? – Wenn das meine Grundhaltung der Welt gegenüber ist, dann verschreibe ich mich nur dann einer Sache, wenn für mich eine Gegenleistung herausspringt. Mein Engagement ist an einen Tauschhandel gekoppelt: Ich biete Lebenszeit und Arbeitskraft, und im Gegenzug bekomme ich Geld, ein wenig Macht und symbolische Anerkennung – Deal! Meine Arbeit wird zu einer kommerziellen Transaktion. Meine berufliche Tätigkeit wird zu einem modernen Tauschhandel: Ich verkaufe meine Arbeitskraft an das beste Angebot. Genau damit werde ich zu einem Produkt. Mein Wert bestimmt sich einzig danach, was ich als Gegenleistung bekomme und was der Markt bereit ist zu zahlen.

Als Objekt eines Marktes wird mein Selbstwertgefühl zum Spielball von Kräften, die ich nicht kontrollieren kann. Ich bin glücklich, wenn mein Wert steigt, und bin in Zeiten sinkender Nachfrage deprimiert. Das bedeutet für meine Arbeit: Ich mache natürlich nur das, was belohnt wird. Ich bemühe mich darum, herauszubekommen, was in meiner Organisation als wertvoll eingeschätzt wird, und weigere mich, das zu tun, was nicht belohnt wird. Und natürlich will ich immer höhere Belohnungen, insbesondere dann, wenn ich bessere Resultate liefere.

Dieses Streben nach immer mehr kennt kein Stopp. Es gibt kein Genug. Jede Belohnung in egal welcher Höhe kann immer noch gesteigert werden, wenn man sich im Gehaltspoker geschickt anstellt und sich unentbehrlich macht. Die Arbeit wird zum Spiel. Es geht allein darum, dieses Spiel zu gewinnen. Und gewinnen muss ich in diesem Spiel, um mich wertgeschätzt zu fühlen. Sämtliche wirtschaftlichen Anreizsysteme und der Glaube an die Motivation der Belegschaft durch Boni und Incentives fußen auf diesem Prinzip.

Wie großflächig dieses spezielle, marktorientierte Verständnis von sozialem Zusammenleben verbreitet ist, sieht man auch in der Politik immer wieder. Ein plakatives Beispiel ist das Kindergeld: Nicht wenige Politiker glauben wirklich, man könnte mit einem platten finanziellen Deal die Geburtenrate anheben: Als ob es ein Geschäft wäre, ein Kind zu bekommen.

Auch Joachim Gauck wurden Deals angeboten. So nach dem Motto: Jeder ist doch käuflich, es ist nur eine Frage des Preises, oder? Er hätte sich Vergünstigungen für seine Familie erhandeln oder sich einen einflussreichen Posten erkaufen können, er hätte die Ausreise planen und für einen reibungslosen Anschlussjob im Westen sorgen können. Mit ein wenig Gespür für seinen Marktwert hätte er den Preis nach oben treiben und am Ende glänzend dastehen können. – Aber macht man so was? Joachim Gauck jedenfalls nicht. Er machte keine Deals mit niemandem. Keinen Deal mit der Stasi, um in der DDR in Ruhe gelassen zu werden, keinen Deal mit irgendeiner Partei, um zum Bundespräsidenten gewählt zu werden, keinen Deal mit den westlichen Politikern oder den Bürgerrechtlern der ehemaligen DDR, um es als Leiter der Gauck-Behörde etwas leichter zu haben.

Stattdessen blieb er halsstarrig und unbequem. Die Journalisten und Gauck-Biographen Norbert Robers und Dieter Bub schildern seine Haltung so: »Gauck (wehte) nicht nur der Wind von westlicher Seite entgegen. Auch ›DDR-intern‹ geriet er allmählich zwischen die Fronten, die zwischen Politikern und Bürgerrechtlern entstanden.« Und: »Er hat sich nie auf fragwürdige Weise mit den Sicherheitsbehörden eingelassen. Er hat sich auch nicht gescheut, in seinen kirchlichen Ämtern ein offenes Wort zu wagen.«

Seine Freiheit und seine Unabhängigkeit wollte er niemals eintauschen, völlig unabhängig vom Preis. Denn ein Tausch kann vorteilhaft oder nachteilig sein, was er aber niemals sein kann: echtes Engagement.

Denn wenn Engagement abhängig davon ist, dass ein Handelspartner gefunden wird, der dafür einen Gegenwert in Aussicht stellt, dann ist es kein echtes Engagement. Echtes Engagement ist immer eine Entscheidung, die völlig unabhängig von dem getroffen wird, was im Gegenzug dafür angeboten wird. So alleine bleibt die Freiheit erhalten.

Echtes Engagement bedeutet, dass sich ein Mensch dagegen entscheidet, zum Objekt gemacht zu werden, und sich dafür entscheidet, handelndes Subjekt zu sein. Er verpflichtet sich zu einer Sache, aus keinem anderen Grund als dem, dass er zutiefst davon überzeugt ist. Resonanz ist die Folge, nicht der Tauschwert des Handelns.

Auf unsere tägliche Arbeit bezogen ist die gedankliche Alternative zum Modell des Handels auf Gegenseitigkeit die Überzeugung, dass Menschen einen Beitrag für eine Organisation leisten wollen und dass sie dafür nicht gekauft werden müssen. Gut bezahlt werden JA – gekauft werden NEIN.

Das ist ein feiner, aber gleichwohl himmelweiter Unterschied. Wer einen Beitrag liefert zu einem Werk, zu einem Produkt, zu einem Unternehmen oder in irgendeinem Amt, der sollte dafür auch einen fairen und guten Lohn bekommen. Selbstverständlich. Auch wir legen Wert darauf, dass unsere Leistung finanziell honoriert wird. Wenn wir pro bono arbeiten wollen, dann nur, weil wir das aus freien Stücken selbst so entschieden haben.

Aber wer nun glaubt, er könne uns für Geld kaufen, der irrt. Niemand kann über uns verfügen, niemand kann von uns verlangen, dass wir machen, was er von uns erwartet, Geld hin oder her. »Wes Brot ich ess, des Lied ich sing« ist ein Spruch, der für uns keine Bedeutung mehr hat. Unsere Kunden können unsere Leistung kaufen, und zwar die, die wir anbieten. Aber sie können uns nicht kaufen.

Unsere Kunden können unsere Leistung kaufen. Aber sie können uns nicht kaufen.

Ohne diese Freiheit wären wir nicht fähig zu echtem Engagement. Dann wären wir nur Teil eines Arrangements und würden lediglich gute Arbeit abliefern. Das wäre normal. Aber aus unserer Sicht nicht bedeutsam.

Vom Konsumenten zum Bürger

Auch bei diesem dritten Punkt gibt es keinen Kippschalter: Es geht nicht um die Frage, ob man entweder Konsument oder Bürger sein will, sondern darum, es zu schaffen, immer weniger Konsument und immer mehr Bürger zu sein. Konsumenten sind Verbraucher. Sie verbrauchen das, was ihnen vorgesetzt wird. Sie funktionieren als Rädchen des Wirtschaftskreislaufs und befriedigen per Konsum ihre Bedürfnisse – Nahrung, Spaß, Sicherheit, Zerstreuung, Bequemlichkeit, Spannung, Unterhaltung, Kleidung, Status und vieles, vieles mehr.

Verbraucher arbeiten hart und viel, um anschließend zur Belohnung mit dem verdienten Geld konsumieren zu können. Dieses Verhalten lässt unser gesamtes gegenwärtiges Wirtschafts- und Gesellschaftssystem funktionieren. Schon in der Schule lernen wir, Lerninhalte zu konsumieren – fremdgesteuert durch den Lehrer, der entscheidet, wann was wie gelernt wird. Später liefern wir mit der gleichen Konsumentenhaltung unsere guten Leistungen bei der Arbeit ab, indem wir tun, was der Chef von uns verlangt, wann er es verlangt und wie er es verlangt. Am Abend setzen wir uns vor den Fernseher und schauen uns an, was die Marketingprofis uns an Werbeclips vorsetzen, zwischen der Werbung konsumieren wir die Produkte der Unterhaltungsindustrie, damit wir sitzenbleiben und die Werbung nicht verpassen.

Konsumenten sind fremdgesteuerte, manipulierte Bedürfnisbefriediger. Und das ist in vielen Momenten im Leben auch vollkommen in Ordnung. Man kann nicht immer nur aktiv, engagiert und selbstbestimmt sein. Es spricht überhaupt nichts dagegen, sich auch mal zurückzulehnen und treiben zu lassen. Das Problem liegt nicht im Konsum, sondern es beginnt dann, wenn wir zu reinen Konsumentenwesen mutieren, die tagaus, tagein nichts anderes mehr tun, ob am Arbeitsplatz als Leistungserbringer, Checklistenerlediger und Prozessabarbeiter oder im Supermarkt als Convenience-Güter-Verbraucher oder im Fernsehsessel als Quotenbringer und Werbeclip-Zapper.

Die Arbeit ist zu wichtig und nimmt einen zu großen Teil in unserem Leben ein, als dass wir dort zu viel Fremdbestimmung dulden sollten! In unserem Job ist die Konsumhaltung viel zu gefährlich, wir dürfen nicht einfach im Gleichschritt marschieren und alles ohne nachzudenken erledigen, was in unserem E-Mail-Eingang oder auf der Smartphone-Mailbox hochpoppt und uns durch den Arbeitsalltag dirigiert.

Verbraucher am Arbeitsplatz hinterfragen nicht, stellen die Sinnfrage nicht, Verbraucher sind keine Gestalter, keine Schöpfer, fühlen sich machtlos. Dabei hätten sie Macht und Stärke, wenn sie sich als Bürger verstehen würden!

In unserer Matrix sind auf der linken Seite bei der miesen Arbeit und der guten Arbeit die Konsumenten am Werk. Rechts unten bei »Mach dein Ding!« sind es die Konsumverweigerer, die Antiverbraucher. Nur rechts oben, bei den bedeutsamen Tätigkeiten, verstehen sich die Menschen als Bürger.

Bürger im politischen Verständnis heißt, sowohl Bürgerrechte als auch Bürgerpflichten zu besitzen. Was heißt Bürger sein am Arbeitsplatz? Bürger in diesem Sinne sind keine Büroinsassen, die abends mit dem Handy als Fußfessel Freigang haben, es sind keine Arbeit-Nehmer, keine Lohn-Empfänger. Sondern sie sind mündig. Sie sehen ihre berufliche Tätigkeit als wesentlichen Aspekt ihrer Identität und Freiheit. Deshalb setzen sie sich ein für etwas, an das sie glauben, mit echtem Engagement aus freien Stücken. Sie nehmen Einfluss und fühlen sich nicht als Angestellte einer Firma, sondern als Teil eines Unternehmens, dessen Zweck sie bejahen. Sie sind selbstbewusst und fordern Rechte ein – und sie erfüllen von Herzen gerne ihre Pflichten und übernehmen die volle Verantwortung dafür. Sie sind stolz auf das, was sie leisten, stolz auf die Leistungen des Kollektivs, dem sie angehören, aber sie zeigen nicht mit dem Finger auf die da oben.

Konsumenten sind fremdgesteuerte, manipulierte Bedürfnisbefriediger.

Sie sind nicht rebellisch, aber sie verkaufen sich auch nicht unter Wert, nein, sie verkaufen sich überhaupt nicht.

Am Arbeitsplatz haben wir meist nicht das Recht, unsere Chefs selbst zu wählen. Tatsächlich aber wählen wir mit unseren Füßen, je nachdem, wohin wir gehen, mit unserer Unterschrift, je nachdem, welchen Vertrag wir akzeptieren, mit unseren Herzen, je nachdem, wo wir uns engagieren, mit unserer Energie, je nachdem, wofür wir uns einsetzen – oder mit unserer Gleichgültigkeit.

Wir müssen entscheiden, ob wir in Bezug auf unsere Arbeit ein echtes Bekenntnis oder nur ein Lippenbekenntnis abgeben. Unsere Entscheidung, als Bürger zu handeln, bedeutet, dass wir unser Umfeld gestalten und ihm nicht nur ausgeliefert sind. Bürger zu sein heißt aber auch, nicht nur seine politischen Rechte einzufordern, sondern auch Verantwortung zu übernehmen. Bürger zu sein heißt auch, festzustellen, dass es nicht immer einfach ist, gleichzeitig seinen Überzeugungen zu folgen und dabei die volle Zustimmung aller anderen zu bekommen. Der Mainstream wird unser Verhalten und unsere Wahl niemals voll unterstützen und gut finden. Das ist der Preis, Bürger zu sein. Denn diejenigen, die ihr Arbeitsleben als ein Experiment der persönlichen Verantwortung betrachten, sind nicht der Mainstream.

Bürger zu sein bedeutet auch: Gleichgesinnte finden. Die Zusammenarbeit mit Gleichgesinnten kann wie ein Turbo wirken. Man muss die Arbeit selbst machen, aber man muss sie nicht alleine machen. Wie bei einer guten Band ergänzen sich die Fähigkeiten und Talente und können so gemeinsam etwas schaffen, was ein Individuum alleine niemals zustande bringen könnte.

Gleichgesinnte helfen uns in drei Bereichen:

- Bestätigung: Gleichgesinnte geben uns das Gefühl, nicht alleine zu sein. Das beruhigt uns und gibt uns gleichzeitig die Möglichkeit, Ideen auszutauschen, ergänzende Fähigkeiten und Fertigkeiten zu finden und zu kombinieren und gemeinsam gegen einen Missstand oder für ein höheres Ziel zu kämpfen.

- Inspiration: Gleichgesinnte inspirieren uns, wir vergleichen das, was sie tun, mit dem, was wir tun, wir können uns austauschen, unsere Motivationsbatterien aufladen.
- Synergien: Gleichgesinnte ermöglichen uns, ein Ziel zu erreichen, das für jeden von uns alleine unerreichbar gewesen wäre. Eine Gruppe von Bürgern ist kein Komitee, sondern ein Zusammenschluss starker und interessierter Individuen, die zusammenkommen, um etwas ganz Spezifisches voranzubringen.

Und das alles tun wir alleine aus dem Grund, weil wir die tiefe Sehnsucht spüren, »ungebunden zu sein, nicht kommandiert zu werden, selbst unsere Maßstäbe zu bestimmen und zu setzen«, wie Joachim Gauck in seinem Buch *Freiheit* schreibt.

Endlich frei

Wir alle haben die Freiheit, Großartiges zu tun. Vielleicht gibt es Menschen, die damit ein Problem haben. Menschen, die das eine Nummer zu groß finden, oder zu abstrakt oder zu philosophisch. Menschen, für die eine »Freiheit von etwas« noch Sinn macht, für die aber eine »Freiheit zu etwas« und die damit verbundene Verantwortung für das eigene Leben schwer verdaulich finden. Ja, es mag auch Zyniker geben, für die das alles nicht nur sinnlos, sondern sogar dumm und lächerlich ist. Die fest davon überzeugt sind, dass es den Menschen da draußen gar nicht um ein bedeutsames Leben geht, sondern um einen besseren Lebensstil, um mehr Geld, größere Autos, schönere Häuser und um bessere Chefs, die mehr loben und richtig motivieren.

Diese Einwände mögen aus der Sicht derjenigen, die sie äußern, berechtigt sein. Und sie sagen sehr viel aus über die Menschen, die sie äußern: Sie sagen im Prinzip NEIN zu Freiheit und Verantwortung. Aber so ist das eben: Ein Teil unserer Freiheit besteht eben auch darin, die Existenz unserer Freiheit zu verneinen.

Is that you?

Sofia war eine wunderbare Erfahrung. Drei Institutionen im Verbund hatten uns eingeladen: Der bulgarische Verlag, der all unsere Bücher übersetzt hat, die deutsch-bulgarische Handelskammer und das größte Pharmaunternehmen des Landes, dessen Chef ein Fan unserer Bücher ist. Wir ahnten vorher nicht annähernd, was die Reise nach Sofia an Erfahrungen bringen würde. Wir sind eben hingefahren, weil die Einladung sehr nett war und weil wir neugierig auf Land und Leute waren.

Was uns bei unserem Aufenthalt an Gastfreundschaft entgegengebracht wurde, war kaum zu übertreffen: Wir wurden vom Flughafen abgeholt, zum besten Hotel der Stadt gefahren, in die besten Restaurants eingeladen, und bei jedem Essen brachte man uns interessante Gesprächspartner mit: Journalisten, Wirtschaftsleute, Politiker. Sogar ein Auftritt im bulgarischen Fernsehen war arrangiert. Alles war durchgetaktet, durchgestylt und durchgeplant wie ein Staatsbesuch. Wir gaben Interviews, traten im Frühstücksfernsehen auf und hatten einen tollen Gig in einem beeindruckenden Gebäude vor einem begeisterten Publikum. Wow!

Und nun ging es wieder nach Hause, wir saßen im Flugzeug und waren ganz schön platt. Aber es war eine schöne Müdigkeit. Wir hatten eine super Zeit gehabt und viele tolle Menschen kennengelernt. Klar, das alles war auch ganz schön anstrengend, aber trotzdem wohltuend gewesen. Wir fühlten uns gut, denn wir hatten das Gefühl, etwas bewirkt zu haben.

Mit diesem wohligen Müdigkeitsgefühl saßen wir nun im Flugzeug. Anja am Gang, Peter am Fenster und zwischen uns ein gut gekleideter Bulgare mittleren Alters, der den Wirtschaftsteil der größten bulgarischen Zeitung ausgiebig studierte.

Plötzlich hielt er inne. Er schaute nach links und inspizierte Anja, die ihm freundlich zunickte. Dann drehte er sich nach rechts und begutachtete Peter. Und schaute wieder zurück in seine Zeitung. Kurz darauf wiederholte er das Gleiche noch mal und fragte, mit einem kurzen Blick auf seine Zeitung: »Is that you?«

Ja, das sind wir, stimmt! Wir haben miteinander gelacht über diese Zufallsfügung.

Auf dem Rest des Fluges ging uns diese Frage trotzdem irgendwie nicht aus dem Kopf … Is that you? – Das ist schon eine besondere Frage. Eine wichtige Frage. Wer sind wir? Und welche Bedeutung hat das, wer wir sind, für das, was wir tun?

Sind wir das, was in der Zeitung stand? Wer sind wir wirklich?

Hätte man uns diese Frage im engen Kontext des Beruflichen gestellt, hätten wir, als wir noch angestellt waren, vollkommen selbstverständlich geantwortet. Anja hätte gesagt: »Ich bin Managerin bei Accenture.« Und Peter hätte gesagt: »Ich bin Assistant Professor an der Wirtschaftsuniversität Wien.« Das waren unsere Jobs. Und auch unser berufliches Selbstverständnis, so wie jemand ganz selbstverständlich sagt: »Ich bin Leiterin des Einkaufs« oder »Ich bin Zahnarzt«.

Aber irgendwie hatten wir ein Gefühl – damals noch sehr diffus und nicht genau zu benennen –, dass irgendetwas fehlte. Heute würden wir sagen: Wir haben damals extrem viel gute Arbeit gemacht. Und ja, manchmal war auch ein bisschen miese Arbeit dabei. Aber die für uns aus heutiger Sicht bedeutsamen Tätigkeiten, die fehlten.

Dieses Gefühl, dass irgendetwas Wichtiges fehlt, hat uns damals – bildlich gesprochen – vor eine Weggabelung gestellt. Die Wegweiser konnten wir damals nicht genau erkennen. Es war nur klar: Der eine Weg wäre ein Weiter-so-wie-bisher-Weg. Das war der sichere, der vertraute, auch der anerkannte Weg. Jeder würde es verstehen, wenn wir ihn weitergingen. Ja, es wäre die »normale« Entscheidung gewesen. Der andere Weg war eher ein

Trampelpfad, der uns in unsicheres Terrain führte. Es war der Alles-außer-gewöhnlich-Pfad, von dem wir nicht wussten, ob wir auf ihm überhaupt irgendwo ankommen würden, geschweige denn, durch welches Gelände er uns führen würde. Dieser Pfad war nach objektiven Kriterien auf keinen Fall attraktiver.

Aber subjektiv gesehen … zog er uns magisch an. Aus heutiger Sicht glauben wir, dass dieser Pfad uns vor allem eines verhieß: uns endlich zu erlauben, wir selbst zu sein.

Je weiter wir heute auf diesem Pfad vordringen, desto klarer wird uns: Ob wir ein erfülltes Leben führen, hängt davon ab, ob es uns gelingt, Lebenssituationen zu finden, die unseren Eigenschaften entsprechen.

Das eigentliche Problem bei unseren Jobs bei Accenture und an der Wirtschaftsuniversität war nicht, dass es die falschen Berufe für uns gewesen wären, sondern dass wir sie – in kritischer Selbstreflexion betrachtet – nicht mit ausreichend Leidenschaft ausgeübt haben. Es hat das Funkeln in unseren Augen gefehlt.

Das wird uns im Rückblick sonnenklar. Damals, an der Weggabelung, war es uns noch nicht wirklich bewusst. Und doch spürten wir, dass wir auf dem Weiter-so-wie-bisher-Weg einen riesigen Kompromiss eingehen würden. Und ein auf Kompromissen beruhendes Leben wird sich am Ende immer als reine Zeitverschwendung erweisen.

Also beschlossen wir, dem neuen Trampelpfad zu folgen. Anfangs noch unsicher und zweifelnd, ob es die richtige Entscheidung war. Je länger wir jedoch diesem neuen Weg folgten, desto klarer wurde uns, dass Erfolg im Leben nicht davon abhängt, dass man ganz genau weiß, was man will, bevor man handelt, sondern umgekehrt: Nur indem man handelt, kann man sich finden.

Unser Leben ist eine Suche nach der eigenen Identität. Oder um es in den Worten von Charles Handy zu sagen: »Jene Menschen, die sterben, ohne zu wissen, wer sie eigentlich sind oder wozu sie wirklich imstande gewesen wären, sind bedauernswert.«

Also machten wir uns daran, ein Umfeld zu schaffen, das es uns ermöglicht, unseren Weg zu finden. Ein Umfeld, das es uns erlaubt, in hohem Grad selbstbestimmt zu arbeiten und mehr Dinge zu tun, die wir persönlich als sinnvoll wahrnehmen. Ein Arbeitsumfeld mit Aufgaben, die uns mit positiver Energie aufladen. Eine Energie, die von innen kommt und nach außen hin spürbar ist. Ein Umfeld, das uns die Chance gibt, in viel höherem Maße einen Wertbeitrag für Menschen zu liefern.

Das Interessante daran: Wir dachten damals, dass es um eine Entscheidung für eine andere Art der Arbeit ginge. Als wir uns für diesen unsicheren, aber für uns äußerst attraktiven Pfad entschieden hatten, stellten wir fest, dass in diesem »Paket« noch sehr viel mehr drin ist. Letztlich betreffen solche Entscheidungen nämlich nicht nur die Arbeit, sondern das gesamte Leben.

Das klingt jetzt alles fast schon selbstverständlich und offensichtlich. Tatsächlich ist es aber so, dass die »beste Version seiner selbst zu werden« eine lebenslange Reise in unerschlossene Gebiete ist. Sind wir schon angekommen? Nein! Und das werden wir vermutlich auch nie. Aber es geht ja bei einer Reise um das Reisen, nicht um das Ankommen.

Diese Reise ist keineswegs einfach, die Sicht ist nicht immer klar, und sie verläuft so gut wie nie ohne Störungen. Nein. Ganz im Gegenteil. Aber gerade weil sie ganz und gar nicht reibungslos verläuft, hat uns diese Reise bis heute sehr viel gelehrt. Sie hat uns auf die Probe gestellt. Sie hat uns gezwungen und zwingt uns noch immer, uns sehr ernsthaft mit uns selbst, mit unserer Arbeit, mit unserer Partnerschaft, mit unseren individuellen und gemeinsamen Zielen und Prioritäten in unserem Leben auseinanderzusetzen. Wir mussten jeder für sich selbst und für uns beide zusammen herausfinden, wozu unser Leben eigentlich da ist, welche Aufgaben für uns überhaupt bedeutsam sind und wie und wann wir ihnen nachgehen sollten.

Und genau das steht Ihnen auch bevor, wenn Sie den Weiter-so-wie-bisher-Weg verlassen und sich auf dem Alles-außergewöhnlich-Pfad ins Dickicht schlagen. Was waren das für glückliche Zeiten, als wir noch Angestellte waren und unsere Vorgesetzten all diese Fragen für uns beantworteten! Aber dabei gibt es ein Problem: Die Antworten, die die anderen für uns geben, müssen nicht unbedingt die richtigen für uns selbst sein. Das war eine der wichtigsten und augenöffnendsten Erkenntnisse für uns, rückblickend betrachtet.

Wir müssen also immer unsere eigenen Antworten finden. Wir müssen selbst herausfinden, was wir mit unserem Leben bewirken wollen. Welche Ziele wir verfolgen. Welche Richtung wir einschlagen. Aber es ist doch gut, dass wir alle einen Kompass dabeihaben. Der Kompass ist eine schlichte Frage: »Is that you?«

Viel Glück auf der Reise!

Anhang

Bücher

Amabile, Teresa; Kramer, Steven: The Progress Principle, Harvard Business Review Press, 2011

Arias, Juan: Bekenntnisse eines Suchenden, Diogenes, 2001

Block, Peter: The Answer to How is Yes, Berrett-Koehler Publishers, 2002

Bub, Dieter: Begegnungen mit Joachim Gauck, Mitteldeutscher Verlag, 2012

Bungay Starnier, Michael: Do More Great Work, Workman, 2010

Dueck, Gunter: Aufbrechen, Eichborn, 2010

Dueck, Gunter: Professionelle Intelligenz, Eichborn, 2011

Fischer, Joschka: I am not convinced, Knaur, 2012

Gatto, John Taylor: Verdummt noch mal!, Genius Verlag, 2009

Gauck, Joachim: Winter im Sommer – Frühling im Herbst, Pantheon, 2011

Gauck, Joachim: Freiheit, Kösel, 2012

Goldsmith, Marshall: Mojo, Profile Books, 2010

Hamel, Gary: Worauf es jetzt ankommt, Wiley, 2012

Handy, Charles: Die Fortschrittsfalle, Goldmann, 1998

Handy, Charles: Ich und andere Nebensächlichkeiten, Econ, 2007

Hodgkinson, Tom: Anleitung zum Müßiggang, Rogner & Bernhard, 2010

Höffe, Otfried: Lebenskunst und Moral, Verlag C.H. Beck, 2007

Izzo, John: Die fünf Geheimnisse, die Sie entdecken sollten, bevor Sie sterben, Goldmann, 2010

Malik, Fredmund: Führen, Leisten, Leben, Campus, 2006

Mintzberg, Henry: Managing, Berrett-Koehler Publishers, 2011

Naish, John: Genug, Bastei Lübbe, 2010
Opaschowski, Horst: Der Deutschlandplan, Gütersloher Verlagshaus, 2011
Pinzler, Petra: Immer mehr ist nicht genug, Pantheon, 2011
Robers, Norbert: Joachim Gauck – Vom Pastor zum Präsidenten, Koehler und Amelang, 2012
Robinson, Ken: The Element, Penguin Books, 2009
Schrage, Michael: Serious Play, Harvard Business Review Press, 1999
Smith, Adam: Wealth of Nations, Prometheus Books, 1991
Sprenger, Reinhard: Die Entscheidung liegt bei Dir, Campus, 2004
Veken, Dominic: Ab jetzt Begeisterung, Murmann, 2009

Magazin/Zeitung

Gaschke, Susanne: »Kommen wir hier noch raus?«, Die Zeit, 25. 8. 2011
Heuer, Steffan: »Die E-Mail erledigt uns«, Interview mit Sherry Turkle, brand eins, 04/2011
Jahn, Thomas: »Auf in die Holzklasse, zu den Kunden!«, Interview mit Henry Mintzberg, brand eins, 06/2011
Vasek, Thomas: »Bangemachen gilt nicht«, brand eins, 03/2011
Weber, Christian: »Irgendwann ist es genug«, Süddeutsche Zeitung, 14. 12. 2010

Internet

Café Communications – Deadlines http://www.youtube.com/watch?v=jgvx9OfZKJw

Film

Pollack, Sydney: Sketches of Frank Gehry, Arthaus DVD